U0938541

JPC
HK

潮菜味趣

鍾成泉
著

一位潮汕名廚的
食膳隨筆

粿印

責任編輯　劉汝沁
書籍設計　吳冠曼
書籍排版　何秋雲

書　　名　潮菜味趣：一位潮汕名廚的食膳隨筆
著　　者　鍾成泉
攝　　影　韓榮華　黃曉雄　佃　魚
出　　版　三聯書店（香港）有限公司
香港北角英皇道 499 號北角工業大廈 20 樓
Joint Publishing (H.K.) Co., Ltd.
20/F., North Point Industrial Building,
499 King's Road, North Point, Hong Kong
香港發行　香港聯合書刊物流有限公司
香港新界荃灣德士古道 220-248 號 16 樓
印　　刷　中華商務彩色印刷有限公司
香港新界大埔汀麗路 36 號 14 字樓
版　　次　2025 年 6 月香港第 1 版第 1 次印刷
規　　格　特 16 開（145 mm × 210 mm）304 面
國際書號　ISBN 978-962-04-5704-3

自序

想寫一本自己覺得有趣味性的飲食書，同時又能體現出菜餚製作過程中的一些功夫表現。這是我一直考慮的事。腦洞上經過無數次撞擊思考，漸漸理出了一點頭緒，在“我理解中的潮菜”框架下，終於找到了它的定位——味趣。

我擁有幾十年的餐飲廚房經驗積累，但是要把這些菜餚在各方面的表現，用一種帶有故事的寫法彙集成書，卻非易事。這種經歷，或抄錄，或聽聞，或借用，起碼要有一個可以説得過去的牽扯，要不然會被人説是牽強附會，經不起駁問。

如潮菜名菜餚“護國菜餚”中的故事，潮州知府伊府爺生日上的“潮州伊府麵”傳説，都是有起因、形成過程，最後流傳成故事的。這些都是潮州菜前輩師傅口口相傳而留給後人的文化遺產。儘管有一些地方值得商榷，然而故事本身動聽美麗，習廚者也都喜歡聽。我只是把它重新調整歸納，讓故事更有可讀性。

現實版菜餚的一些故事，雖然文字不曾在社會上流傳，但寫入書中的故事也都是有依有據，而且耐人尋味。

一篇笑話“炒手槍的故事”，重現了 2002 年我們在深圳市辦酒樓的時候，酒樓廳面服務經理和廚房總廚關於“炒薄殼”的一場對

在粵東的大埕灣，拖網是特有的古老捕魚方式

話，我把它寫成一則故事。

“炒手槍”與“炒薄殼”，可能外地人並不理解。潮汕人卻知道究竟是怎麼一回事。過去有一款二十四響駁殼槍，簡稱“駁殼槍”，和潮汕人餐桌上的“薄殼”潮汕話同音，由此有很多人會誤解。從語言上可見潮汕話也有諧音梗，有能讓人捧腹大笑的錯位語言。故事會讓某些人覺得不可思議，然而能從側面告訴大家文化知識的重要性。如果欠缺文化知識，不單單是“薄殼”寫成“手槍”之誤，更有很多內容會被弄錯，嚴重者還會出大事。

從整本書中的文章結構來看，有相當一部分章節純屬個人的閒説和理解，這與其他人的閒説可能有相似之處，我認為很正常。閒説，是一種心靈上的自我獨白，隨心所欲，不受其他限制，且與其他人無關。説白了，這其實是誘導大家關注又對誰都不負責的説法而已，讓你可以信其言，也可不信其言。

為什麼會有這種自我的感覺呢？原因是在書中描述的一些章節，內容都是依據個人的行為和看法、人生經歷和想法寫出來的，大家未必相信和認可。

為了介紹水雞（青蛙）在菜餚中的做法，我特意把我青年時去“掠水雞”的遭遇，引入〈田園風味〉一文的開頭：那一夜，手電筒的電池壞了，為了趕在西港最後一班渡船回汕頭市區，我便在牛田洋大堤上快速奔跑，導致值班的哨兵以為有事發生（當年牛田洋屬於廣州部隊生產基地），大聲喊我站住，甚至要對“口令”。我為了趕時間，沒停下來繼續趕路，一邊小跑中一邊回應著，我是“抓水雞”的。哨兵發現我回應“抓水雞”的口令錯了，差點要開槍。

我把這一過程寫成趣事，目的是想增強閱讀上的趣味性。對我來說，這都是真實發生的事，也算是一種人生記錄吧。

從《潮菜味趣》整本書來看，最有看頭還是章節中的烹製功夫。功夫表現往往是完成一道菜餚的核心主題，既要訴説菜餚的某些故事有真實性和趣味性，又要體現出菜餚在整個操作過程中的完美，特別是在烹飪中的重要性。

可能有很多人會認為功夫就是雕花刻鳥擺造型，其實錯了。雕花刻鳥是食品藝術，功夫更多體現在對菜餚出品上的質地辨識、時令季節、加工處理、調料輔助、時間判斷、火候把控、醃製入味上的判斷。

在〈佃魚翻身〉一文中，你更能理解功夫到位對一道菜餚的重要性。佃魚，在過去是一款極低值的普通食材，甚至是被棄之物。然而通過廚師的用心，在製作過程中下足功夫，它的品位也能得到無限發揮。長期處於底層地位的佃魚從此徹底翻身，經濟價值也提升起來。能做到如此程度，這與廚師功夫的發揮自然是離不開的。

哎！説多了，會影響本書後面的看頭，詳情請看正文。

目錄

米與麵的歡歌

舌尖上的田園主義

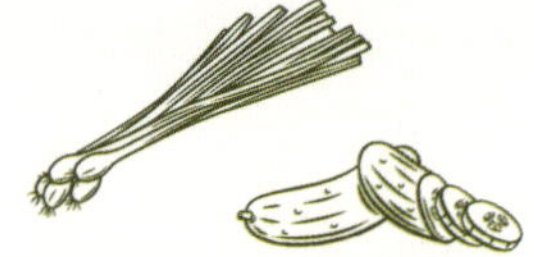

03

無肉不歡狂想曲

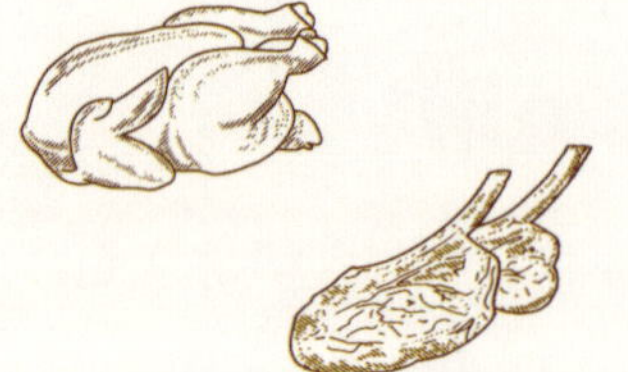

“魚”的 N 種吃法

“鮮”從江河湖海來

潮菜的醬碟天下

01

米與麵的歡歌

香粥

潮汕人從記事起便知道“糜”。稻穀米淘洗乾淨後加入清水，經過火候和時間的熬煮，到達糜爛的程度，便是“糜”了。至於為什麼叫“糜”呢？可能是由於潮汕話沿用古漢語的緣故吧（潮汕語言至今仍常被稱為古漢語的“活化石”）。

發現稻穀可以食用到成為“糜”的歷史，究竟有多久？“一碗令潮人無論走到世界哪個角落都會想念，一吃下去就血脈貫通、全身舒服的‘糜’（潮汕話讀音 mue5），我們已經吃了 2000 多年了。”這是韓山師範學院原校長林倫倫先生為我的《飲和食德——潮菜傳承與堅持》一書寫的序文上對糜的評定。

如今“糜”在潮汕也被寫成“粥”字，潮汕人已經放棄寫“糜”的字樣。按照目前煮粥的方法，同樣是稻穀大米經過淘洗後加入清水煮至糜爛，即是熟透了的白粥。

在潮汕飲食上，“香”（潮汕話也習慣用“芳”）的意義更為廣泛，應該是指有味道而且在潮汕飲食上好吃的食物，如香粥、香肉、香菜、香初湯•、香豉油。

• 初湯為魚露的另一種叫法。

海鮮粥

這裏只想説説粥對潮汕人的一些影響，特別是有意思的香粥。香粥，在潮汕也是一款不確定叫法的粥品系列，和“雜鹹”●的叫法一樣，存在模糊的概念。究竟達到什麼程度，才算作香粥呢？它的範圍有多廣呢？抱著這個不確定的定義，來探討從白粥延伸到多味性的香粥，想一想也是挺有趣的。

必須先把香粥的範圍捋清楚，才能明白香粥究竟是什麼。

第一，香粥是在白粥的基礎上，通過添料調味而成的。

第二，香粥的品類範圍比較大，任何食材和白粥結合，都可能成為一款香粥。

由此，我總結出香粥的若干主要品種，分別是海鮮類香粥、家禽類香粥、豬牛類香粥和瓜蔬類香粥。

海鮮類香粥主要品味有蝦粥、蟹粥、魚粥、蠔粥。這些海鮮除了可以獨立烹煮之外，也可以混合其他食材一起烹煮，延伸出另一款香粥。多數人會用砂鍋去煮海鮮類香粥，因而很多外地人把它叫作潮汕砂鍋粥。其實，它應叫海鮮砂鍋粥，因為潮汕最早的砂鍋粥是白粥。

在汕頭市長平路，海鮮粥曾經一度以魚頭粥最具特色。典型的魚頭粥是用大石斑魚頭去煮，配點香菇絲和南薑麩●●，加點茼蒿菜。海鮮魚粥多種多樣，除了魚頭粥之外，還有一款魚生粥，也是汕頭市早期粥品中的一大亮點，別具特色。

● 泛指潮汕地區的醃製小菜，種類繁多，味道鹹香鮮美，在本書第六章有更詳細說明。

●● 由南薑磨成粉末製成，是潮汕地區一種傳統調味料，在本書第六章有更詳細說明。

一鍋有香腐絲的雞粥彷彿帶著歲月感

取鮮活的海魚或者沙池吃草的草魚，通過殺血、去鱗、起肉，然後風乾水分，用魚生刀把魚肉切成薄片，放入碗內，調入南薑麩、蔥珠朥（蔥油）、魚露等味料，滾湯沖泡後加入“泡飯”，即是一碗鮮甜味十足的魚生粥。將米煮至熟而不爆花即撈起過冷清水，即為“泡飯”，而煮魚粥類南薑麩和蔥珠朥是不可缺少的。

蟹粥，在汕頭市的各粥舖中，基本都是取揭陽地都鎮江與海交界處所產的醃仔蟹，和著生米去煮的。配上幾小片雪花豬肉，調上薑米、蔥花、味精、胡椒粉，絕對是一碗香噴噴的海鮮蟹粥。

説真的，海鮮粥多種多樣，只要把控得當，絕對是潮汕地區香粥的佼佼者。

用家禽煮粥，比較多的是選用雞、鴨，有去掉骨頭煮粥和含骨煮粥兩種方式。含骨煮粥者多數是比較接地氣的，講究平民化和純味道。而去掉骨煮粥者，多數追求上一檔次的享受，注重吃相斯文，但氣息上比“勿去骨”的粥品稍差些。

煮雞粥，比較典型的是用薑絲、香菇絲去煮。把大米用熱火煮至快爆米花時候，光雞連骨剁小塊，用熱鼎把薑絲和香菇絲炒至香氣爆發，再把雞肉加入猛炒，炒至出味後加入滾湯，調上魚露、味精、胡椒粉後，把煮好的粥匯在一起，加入蔥花、芫荽，一碗可口的“薑絲雞肉香粥”即大功告成。

用牛肉去煮的牛肉香粥雖有，然而在汕頭市還是比較少見，畢竟汕頭人對牛肉的吃法有多樣，不爭這一份額。

豬肉煮香粥的例子就比較多了，潮汕人説煮碗香粥來吃，多數是指這一碗豬肉粥。煮粥的時候加入豬骨頭、切好的生薑米，把米熬

豬雜粥

賣香粥的攤檔充滿煙火氣

得稀爛，當客人來後，調上豬肉、豬肝、雞蛋、蔥花、味精、魚露、胡椒粉，再配上切碎的油條，便是一碗微辣而可口的“及第粥”。其實這是仿著廣州及第粥的做法而做的，當年這碗粥惹得每天一大早便有客人在排隊等候，今天在汕頭已不見蹤影，想想有點可惜。

瓜蔬類的香粥便有少見的芋粥、番薯粥和青菜粥。而青菜粥中尤其以春菜粥最為常見。一些善於烹飪的人士會把春菜取葉後切成細絲，配合上湯和白粥，煮成一碗可口的“春菜粥”——絕對的綠色食品，不妨一試。

炒香粥，你可能沒聽過，也不理解。潮汕的過去，卻是真的有過炒香粥。在汕頭原標準餐室工作的那段時間，就經常聽到顧客説，炒碗香粥來吃。師傅會取幾條蒜仔和蔥切細後去炒，然後再把粥加入，調上少許上湯和魚露、味精，即是炒香粥了。我曾問過魏坤師傅

鱔魚粥

為何這就叫炒香粥，他說蒜仔必須要經過炒熟後才能把粥加入，這不是炒粥嗎？有理有意思。

寫點香粥另類的故事。有一天，手下職工鄭建生先生說有一碗鹹香的"沙芒相•咬香粥"，二十世紀六七十年代曾經在汕頭市各飲食店很流行。這話也勾起了我的回憶。在物資緊缺的年代，香腐脯條••的一邊是染紅色，炸起來鬆膨鬆膨得很是好看，在粥中煮後仿似溪河溝裏的沙芒魚相咬一樣。於是很多飲食店把它油炸後當成豬肉一樣去煮成香粥，雖然不見豬肉的影子，味道卻是不錯的。"沙芒相咬"至今讓我們這一輩人還經常嘮叨著。

過去，潮汕孥仔（潮語方言，即小孩）肚腸上大都會生蛔蟲（蛔

• "相"潮汕的讀音同"燒"，互相的意思。

•• 傳統豆製品零食或配菜。"香腐"即滷製豆乾，"脯條"指切成長條狀的乾貨。

蟲），面黃肌瘦，老輩人認為是“疳積”造成的。這種病，大都是和水源不潔有關係，經過“藥”蟲後，需要營養來恢復身體。民間流行一種“蛤鳩仔煮粥”來補充營養，配合治療“疳積”，提高免疫力。於是很多人都會到田園中去抓蛤鳩仔來煮粥。抓到蛤鳩仔後都希望它不洩尿，認為蛤鳩仔的尿更有治療價值，於是把蛤鳩仔直接放入粥中，蓋緊，讓蛤鳩仔的尿自動宣洩到粥中，特別有意思。

寫到此，我總覺得學廚者，在任何時候只要發揮得當，隨時取材便能變幻出一碗地地道道的香粥來，除了改變味道之外，營養攝入也是不少的。

經搭配後衍生出來的香粥品種還有不少，在此羅列供借鑒，以續愛好者之願。

青菜粥：白菜粥、春菜粥、蒜仔蔥粥。

海鮮：乾貝鮮蝦粥、乾貝魷魚粥、鮮蠔仔粥、海鰻魚粥、鯧魚粥、馬鮫魚粥、赤鯮魚粥、花跳魚粥、鮮鮑魚粥、蝦婆肉粥、龍蝦粥。

另類風味的香粥：水雞（青蛙）粥、黃鱔粥、草魚粥、勝粕粥、皮蛋粥。

此外，老菜脯可以和雞肉、乾貝、鮮蝦仁、鮮豬肉、豬粉腸、豬肝煮成各類老菜脯粥。最高端的要算雞湯燕窩粥了。

小青蛙

炒飯

在吃這一方面，汕頭人常把一年四季的節氣扯上飲與食。年復一年、周而復始的輪迴中，他們會選擇節氣來確定飲食。例如在立冬日，汕頭人喜歡用炒香飯來提醒人們，冬天來了。受立冬之日吃炒飯的影響，我也想談談汕頭人平時對炒飯的不同看法，供大家參考。

加入食材物料去炒飯，汕頭人叫作“炒香飯”。今天流行在汕頭酒樓食肆中各色各樣的炒香飯，基本的用料方式，還是沿襲遵循著古早揚州炒飯的方式。古早揚州炒飯一定要用隔夜飯或者隔餐飯去炒，即炒剩飯，且加入各種輔助料頭合一而炒，諸如豬肉、鮮蝦、香菇、栗子、蓮子、雞蛋、青蔥、蒜仔等。

按照古時揚州炒飯的烹製過程，個人認為可分成三個層次進行：

第一，把一切物料通過切配，分解成大小一致的顆粒，然後預先炒熟，形成炒飯餡料。

第二，必須選擇隔夜（餐）飯，在炒的過程中噴入熱水，使其產生熱氣，讓隔夜飯容易鬆散開。

第三，在飯團鬆散開後加入餡料，迅速翻炒至焦香，氣息飄出即好。

潮汕餐廳裏的滷肉炒飯

當然今天的炒飯可能會有不同的翻炒方式，主副料也豐富了，品味也多樣了，遠遠超出了想像，但是古老的揚州炒飯方式依然值得我們留戀。

汕頭有一些地方的人會把“炒香飯”叫成“炣•香飯”，但其實兩者操作上和品味上有著不同屬性。炣飯，早期潮陽縣和普寧縣的人一致認為其有別於炒飯，然而我卻認為這是一款古早炒飯。炣飯與揚州炒飯有著完全不同的烹製方式，最關鍵的是不需要用隔夜飯或隔餐飯，有著“三即時”：即時煮的飯，即時炒料，即時攪拌均勻。

煮炣飯，輔助料頭和白米飯是要分開烹煮的，當然，也有一些食材、料頭要一起煮，如芋、荷蘭薯。其他輔助料頭主要是以肉、

• “炣” 為潮汕叫法，烹調技法的一種，應與炒有同義。

蝦、海鮮、香菇、果子、蔬菜或者青蔥、蒜仔、芹菜等組成。

首先，把輔助食材先行加工處理，炒熟。白米飯煮熟後再把炒熟的炣料匯入，然後用鐵鏟或勺攪拌均勻即可。這種炣飯不須放入鼎•中翻炒，也不需要我們日常所說的“鼎氣”，口感濕潤軟滑。

在潮汕人心目中的炣飯還有許多品種，典型的有揭陽“炣朥••飯”，潮陽縣、普寧縣的“炣蒜仔飯”“炣菜飯”，澄海縣一帶的“五花肉鮮筍炣飯”和達濠的“炣海鮮飯”。

有一次，我在澄海朋友家，主人自己到廚房煮炣飯，我也跟隨在後，觀察到炣飯全過程，覺得有趣且非常有特色，特意記錄如下：

第一，先將鮮蝦仁和濕香菇、蔥切細粒，炒成一個炣飯料頭候用，鮮竹筍切成粒狀，把五花肚肉去皮後也切成粒，粳米淘洗乾淨一同候用。

第二，把切好的五花肚肉粒和鮮筍粒先後投入鼎中炒至半熟，再把淘淨的生粳米加進去翻炒至六成熟，加注適量的滾水，把它煮成鼎飯。

第三，當鼎飯熟後，把炒好的鮮蝦、香菇匯入，攪拌均勻即成。

說炣飯，不得不說到香港原銅鑼灣伊利莎白大廈的潮港城潮州菜酒樓。他們有一款“砂鍋炣芋頭飯”，曾經吸引了許多潮汕人。用

• 潮汕方言中以鐵鍋為鼎，深腹圓底。

•• 潮汕話“朥”泛指動物脂肪或油膩的肥肉。也可指熬製後的豬油。如“朥渣”指熬豬油剩下的油渣。

欖仁海鮮炒飯的食材

砂鍋煲煮生米和芋塊，讓它們混為一體，熟後拌上炒熟的臘腸、碎花生仁、芹菜粒，氣味誘人，有著芋香氣息。很多年過去了，這家潮港城潮州菜酒樓已不存在，但是每一位到過這裏的潮汕人，都會想起當年的“砂鍋炣芋頭飯”。

蔬菜炣飯，則是汕頭各鄉村最常見的炒飯，尤其以“芥藍菜炣飯”“包菜炣飯”“厚合菜炣飯”“粉豆炣飯”等最為突出，它們結合了菜脯和勝粕（豬油渣）。

有人曾問：你寫炒飯為什麼不把稻穀大米的產地和質感以及它的牌子寫一下，只是簡單說明是粳米飯而已？

問得好。

這真的是一個值得思考的問題。我一直想著，如若把一碗普通炒飯（炣飯）的食材歸於哪個國家、哪個地區、哪個品牌，可能有點誇大了。

事實上，我在寫菜譜的時候，極少提及食材的產地。這是經過長期考慮的，也是一直想迴避的話題，目的是想讓更多廚師或者烹煮者不要因為食材原產地、品質而困惑，因而放棄了本想要烹製的某個菜餚。

我們可以知道任何食材的屬地性質，但一定得靈活把控烹調手段，不然容易跳進一個坑而出不來，難以發揮其更多作用。故此，我在寫炒飯、炣飯時不寫稻穀大米的具體產地。稻穀大米的形體是粗壯還是修長，是適合煮飯還是適合煮粥，它的存放期以及它的吸水量怎樣，等等，這都得去認真考究和辨識。

任何海、陸、山、空的食材在烹飪中都能高於大米飯的任何一款，然而海、陸、山、空的食材卻無法與大米飯一樣能獲得主導地位。在民以食為天、吃以糧為主的意識下，現今談起炒飯事，是希望讓大家不忘記，這才是初心。

大鼎炒飯

粿品

天頂一粒星
地下開書齋
書齋門未曾開
阿奴哭愛吃油錐
……

這是潮汕人的歌謠，小時候經常聽到一些婦人哼唱，好像搖籃曲一樣。油錐就是潮汕人的炸油粿，在成形上突出了一頭尖尖的蒂，仿似錐出的模樣，因有此稱。油錐一般是在元宵節出現，特別是生男丁的家庭，主人在請客的時候，都會準備一些油錐來吃和送給客人。客人如果想跟主人家一樣生男丁，也可以向主人索討油錐。

這應該和潮州人生男丁請客一樣，必須有八珍糯米飯，而且飯還要帶有飯丕（鍋巴），寓意要兑（跟著）主人一樣生男丁。這些都是潮汕人的風俗習慣。

油錐的做法也有講究：糯米粉須加入少許粳米粉後做成皮——單純用糯米粉去做，皮可能會太軟，油錐難以成形。單純用粳米粉去做，皮可能會太硬，口感欠佳，經過混合是最好的效果。當然也有人

在鄉村的庭外樹下，婦女們圍著圓桌在做紅桃粿

加入地瓜泥，用番薯炊熟後碾成泥，加到糯米粉中去。油錐裏面的餡料多數以紅糖為主，後來逐步添加一些炒熟的花生仁、芝麻、瓜丁，基本上都是甜的。偶爾也有人做成鹹的，餡料是以綠豆瓣為主，也有極少人用包菜去做。

有人曾經問過我，潮汕粿品算潮菜的範疇嗎？按照汕頭潮菜名師李錦孝師傅的解釋，大潮菜應該分為廣義和狹義的概念。廣義上包含宴會、酒席菜餚，大眾、家常菜餚和地方風味菜餚，地方風味菜餚又包含各式各樣的糖點、餅食、糕類、粿品。

從原材料和烹飪手法等各方面來看，基本上都與潮菜系聯繫在一起。故此，粿品絕對是大潮菜體系中的一個分支。

潮汕什麼時候有粿品，它的來源，一定有人去考究記錄，我們就不去糾結了。至於潮汕粿品究竟有多少個品種，它怎麼烹製才能達到一定的水平，我們則可以先來做一些統計和進行一些食材分析。

我一直認為，粿品的形成一定和節日、季節有關。潮汕農村一帶，除了一些民俗約定的節日必須祭拜之外，各鄉村都還有自己“營老爺求保賀”的風俗，也稱“大鬧熱”（熱鬧）。根據這些節日的特

朴籽粿

梔粿

殊意義，大家會烹製出適合時令的粿品。

春節，大家必備的紅桃粿、甜粿、鼠殼粿、菜頭粿、馬鈴薯粿等粿品除了必要的祭祀用之外，更可作為節日期間親友互訪的手信和待客之用。過年這段時間，大家都休息了，在相互拜年中又難以有空煮飯，因而粿品是肚子餓的時候最好的補充食物，既方便又好吃，又可邀請客人一起進食，也可展示各自的手藝。

正月十五元宵節，有人把它稱為過小年，所以潮汕人喜歡說沒有過初一，還有十五可以過。潮汕人把元宵這一天當成大節日來過，不同的是，有人會準備炸油錐，有人會準備發酵粿、花生糖酥餃。

鼠殼粿

馬鈴薯粿和芋粿

清明時節做的粿品，明顯是為了祭拜祖先。潮汕人除了雞、鵝、鴨、魚、肉五牲之外，還配置了紅桃粿、鼠殼粿和朴籽粿。從祭拜的角度來看，紅桃粿理所當然是主角粿品，而鼠殼粿和朴籽粿是適季的品種，特別是朴籽粿（屬青團類），具有消食的功效。

因端午節是在農曆五月初五，潮汕人喜歡把它稱為"五月節"。粿品的主角依然有紅桃粿，有意思的是，這個節日有專門紀念的粿品，它是一款用竹葉包著的粿球，還有梔粿、糕粿。由於人們從大年初一到五月節這段時間，大量攝入營養蛋白，造成食積，此時需要一次給腸胃做清理的機會。如果吃了梔粿後會腹瀉，説明對症了，對身體有好處，所以潮汕人喜歡説"千金買無五月漏（拉肚子）"。梔粿是取一種植物燃燒後的灰去泡水，產生出鹼性藥味的梔水，然後用於浸米或者直接加入糯米粉中，做成粿，所以它含驅蟲的藥效功能。

農曆七月初七，潮汕人把這個日子當作 15 歲孩子成人的標誌性節日，儀式感隆重，叫作"出花園"。大人們會根據習慣烹煮一些食物讓孥仔吃，同時配置一些軟粿之類，如落湯錢●。

在潮汕一些鄉村，還將每年的農曆六月十五和十月十五定為稻穀豐收日。潮陽縣、普寧縣的村民會烹製一些穀穗粿——用花生仁和粳米粉加薯粉做成，一條條像穀穗一樣。

農曆七月十五，民間稱為鬼節，為了祭鬼請吃，人們都捨得了，於是各式粿品都會擺滿桌面，讓我們看不見的孤魂野鬼盡情"享受"。這也體現了潮汕人的善心。

● 潮汕傳統糯米甜點，也叫"膠羅錢"，舊時是祭拜"五穀母"的必備供品。"落湯"指糯米糰煮熟後浸入糖漿或蘸料中。因搓成小圓餅狀，形似古代銅錢而得名。

紅桃粿

農曆八月十五是中秋，潮汕人為了感恩和祈願，便有了拜月娘這一風俗。除了一些祭拜粿品之外，月餅和雲片糕是主打。澄海一帶，還有一種由炒熟的糯米粉做成的月糕。

九月初九重陽節，有一些地方還會做青葉粿，採用的是九種野生青葉混合，和冷飯搗爛，做成粿品，祈願大家吃後身體健康。此粿在澄海區隆都鎮一帶最為盛行。

農曆十二月廿四，神仙們上天述職，向玉皇大帝彙報一年的工作情況。故而這一天潮汕民間在歡送他們上天的祭拜儀式極其隆重，當然粿品也非常多，而大都是以紅桃粿為主。此外，潮汕人有對諸神崇拜的風俗，因此也衍生了一些求神拜佛的日子，多少也都會做一些粿品供奉，人和神明共同娛樂。

綜述上面在潮汕比較集中性的粿品，在此羅列如下：

紅桃粿、鼠殼粿、菜頭粿、甜粿、馬鈴薯粿（甘同粿）、烏糖酵粿、白糖發粿、筍粿、糕粿、水粿仔、鱟粿、栀粿、菜粿、穀穗粿、乒乓粿、油（錐）粿、無米粿（水晶球）、青葉粿、麥粿、墨斗卵粿。

還有一些介乎於米粿與糕點之間，如綠豆水晶球、烏豆沙水晶球、鮮蝦芫荽水晶球、酥餃、壽桃。在這些粿品中，有相當一部分的皮是由粳米粉和糯米粉混合做成的，也有一部分以薯粉、生粉、麵粉、澄麵做成的，餡料的投入就各不相同了。

紅桃粿的餡料調料不同，味道也就不同。例如，紅桃粿的餡料也加入綠豆等。正因如此，粿品才能衍生出更多的款式和口味。

各縣的人移居汕頭市區，多少會帶來他們的風味食品，包括粿品，比如潮陽縣的鱟粿、馬鈴薯粿、穀穗粿、墨斗卵粿；普寧縣的菜粿、炸油粿；揭陽縣的韭菜粿、乒乓粿；澄海縣的青葉粿、麥粿、鼠殼粿；潮州市的酵粿、筍粿、糕粿、栀粿。

除了用於節日祭拜之外，在過去，鄰里厝邊還有互送粿品的習慣，這讓更多風味粿品得到交流。逐漸城市化了，人們發覺粿品在交換時有一定市場，於是萌發了經營的念頭。早期都是以零散經營方式出現，大都是挑擔、推車走街串巷叫賣著無米粿、鹹水粿、鱟粿、栀粿、糭球和炒糕粿。後來又升級到市場擺攤，特別是節假日，懶了的城市人為了方便，便到市場購買，促進了粿品的市場需求，漸漸地把分散在節假日的各類粿品集中在一起，作為日常供應。

粿品作為日常供應，應該是二十世紀八十年代後，從汕頭小公園旁老潮興街的一對夫妻擺賣粿品開始，他們的“老潮興粿品店”經營得法，深受歡迎，規模逐漸擴大。如今老潮興粿品店的品種多了，多樣粿品已經走出汕頭市，輸送到全國各地，成為非遺傳承的一塊響亮招牌。

粿品怎麼做，這是一個大問題，還是先以大家都熟悉的紅桃粿為例來談談吧。如果不嫌囉唆，我先從粳米浸水談起。{ 見 >> P260 獨門食譜 }過去看過母親做紅桃粿，知道這是一份辛苦活。我總覺得當年以母親為首的一群鄰里婦女，她們做的紅桃粿最傳統，且味道極好。

紅桃粿和粿品都有一些傳說，在一路做追溯的過程中，我發現它和客家人有密切關係，特別是梅州大埔縣的米粄粿，做法和我們的粿品和紅桃粿非常相似，而大埔縣人又和潮汕人太有關係了（汕頭市區設有大埔會館便是例子）。

我也一直懷疑，紅桃粿是先民為了紀念屈原先生投江而把飯團包裝後送到江中，經反覆演變而來的，未知是否。

炒粿條

敘事式地去描寫美食美味，除了要熟悉食材的來源和生長環境之外，還要熟悉它的內在屬性和品味。作為廚者，還必須要熟悉烹調過程，才能在飲食王國中解開各個環節的密碼。我一直思考著如何把煎、炒、烙、燒、焗、炸等各種烹法簡述出來，讓更多人了解其色、香、味、形、器、溫的相互關聯，理解鹹、甜、酸、香、辣味道的表現。

粿條，似乎是不起眼的小角色，放在龐大的美食體系中，真的是不太顯眼。從田間稻穀被收割曬成穀粒，到穀粒加工成米粒是一個過程。從大米被浸泡吸水回軟，再磨成米粉漿又是一個過程。將米粉漿蒸成一張張粿皮，而後被切成粗細不同的粿條，再通過不一樣的烹炒方式，呈現不一樣味道的粿條菜餚⋯⋯我漸漸領悟到粿條為何能成為潮汕人日常生活中不可或缺的品種。

二十世紀六十年代，最能讓百姓高興的是城市每年會舉辦一兩次物資交流會。汕頭市新華老電影院旁邊的利安路，經常會被臨時圍蔽起來，作為物資交流會的主會場。主辦方會根據各種物資的供應，根據區域而分派成不同攤位。飲食部分理所當然離不開當地一些風味小吃，因而多種風味小吃會被集中在一片區域上。

當年儘管物資匱乏，但仍有人來人往、熱鬧非凡的場面。大凡平民百姓逛遊此等物資交流會，無非是看一些適合家用之物，選購一點。更多的人則擁到各風味小吃攤點前，尋找自己喜歡的小吃，滿足一下食欲。那時候我特別喜歡看飲食攤現場加工食物的過程，諸如烹炸一些油粿之類、包糭球、無米粿、煎蠔烙、炒糕粿、炒粿條等，總是有一種儀式感吸引你。

廈門市的飲食同行黃斌先生曾經來找過我，想尋找汕頭市的一些小吃，引進到廈門做臨街經營。他説要用一味炒粿條，用儀式感的烹飪來吸引路人駐足觀看或入室品嚐。

黃斌先生的描繪讓我眼前一亮，這不就是當年利安路物資交流會出現過的包菜炒粿條的形式嗎？我們當年就是這樣，只是那時這種經營還沒有用玻璃隔開。當年的炒粿條，食材簡單，沒有肉，只有包菜，按現在的説法叫素炒。供應上不需要糧票，五分錢一小盤。只見煤炭爐上面放著一個特大生鼎，包菜切成與粿條一樣粗細的條狀，放在鼎中炒至七成熟，然後放入粿條，加入醬油和辣椒醬，灑噴上一點水在粿條上面後，不停地翻炒，讓粿條和包菜鬆開又複合在一起。為了控制油膀的投入，師傅們在翻炒粿條的過程中會時不時噴灑一點水到大鼎中去，冷與熱相碰頓時讓鼎中發出嗞嗞聲。隨著鐵鏟和鐵勺的不停翻炒攪動，熱氣迅速上升。故此民間送給它一個別名——“戲”（灑）水炒粿條。

閒來無事，我會約上幾個好友到潮汕各地去尋味。我發覺炒粿條在很多地方有著不盡相同的炒法，搭配的調料、調味品有異，甚至粿條的切法也有別。都是稻穀米漿調成，水質也有區別，偏遠山區的粿條，用山泉水去沖漿，在籠巡（舊時潮語，指蒸籠）上炊成一張張

米漿在鼎中炊成粿皮的過程

炊熟的粿皮

炒粿條

粿皮後，再切成一條條粗細條，炒出來的粿條柔軟甘滑香口。

有一次，我們到饒平新豐鎮，品嚐到一家店的大柴火炒粿條。在簡陋的路邊店面中，他們蒸粿條和大鼎炒粿條，一切都是用木柴火去完成。

其實，對用木柴火去燒的種種説法，我總覺得是噱頭。相較而言，我更注意他們的米漿和水質。城市自來水因消毒處理時加入漂白粉之類，受藥性影響，蒸出來的粿條粗硬無柔軟度，甘純也不到位。再者，稻穀米漿有無添加生粉漿也是一個品質的考驗，加多了會變硬而易斷。而潮汕比較優質的揭陽粿條，在選擇大米時更注重米的質量，烹製出來的粿條柔韌有度，彈性強烈，斷裂相對少些，非常適合炒粿條。

除去包菜炒粿條有特殊年代原因之外，潮汕的炒粿條真是千樣百味。鹹、甜、酸、辣、鮮讓你嘗味不盡。乾炒、濕炒和蓋料、拌料的手法層出不窮，讓你歎其功夫到家，天下竟然有如此之味道。

所謂乾炒粿條，就意味著你加料或不加料，粿條炒成後是不能見到湯汁的，而且還要呈蓬鬆狀態，吃時香氣躥腔。濕炒則在其炒粿條成品後，含汁嫩滑，具有厚重的濃汁香氣。濕炒時，帶有湯汁的蓋料，更能讓食客看到物料的價值所在。至於拌料炒粿條，最適合用在乾炒方面，事先準備的拌料通過混合乾炒，使炒的粿條更入味。有廚房經驗的師傅，對各種炒粿條自然得心應手。

不同炒粿條的種類在操作過程中也會出現不少微妙的趣味。

“炒牛肉芥藍粿條”，是潮汕人最熟悉、到潮汕酒樓食肆隨時能點到的一個品種。如果在前面加“沙茶”二字，即變成了“炒沙茶牛肉芥藍粿條”。從名字就可以看出兩款炒粿條不同的味感方向，其區

濕炒牛肉芥藍粿條

別就在沙茶醬上。如果在炒芥藍粿條的基礎上加入菜脯粒，則可以取名“炒菜脯芥藍粿條”。

有季節性的炒粿條要算入夏時的“筍絲炒粿條”，特別是在揭陽市的埔田鎮，人們使出渾身解數把筍絲炒粿條烹得有聲有色。加入蝦仁即是“炒筍絲蝦仁粿條”，加入雞肉絲就叫“炒筍絲雞絲粿條”。

潮汕人炒粿條都比較注重海鮮料的投入，其中以鮮蝦仁、鮮魷魚最為普遍。炒的時候配上豆芽、蔥段，或者番茄、蔥段，非常有特色。同時也可以用乾炒或者濕炒的方法進行烹製。也有人喜歡用活鮑魚去炒粿條，將粿條提上了一級檔次，價格不菲。用活鮑魚去炒粿條，鮑魚要清洗乾淨，切成薄片或齒形條狀，具體視其搭配的輔料而定。本人覺得最好是取芥藍心葉，用半濕的炒法，這樣既能使粿條有濃汁味感，又能使鮑魚有鮮味。

還有一味很特別的“炒佃魚•粿條”，其操作難度相當大。首先要把佃魚去掉頭骨，取出佃魚肉。因為佃魚肉容易散開，在加入粿條中去翻炒時要特別小心，否則會影響菜品的美觀。“炒佃魚粿條”味道鮮美，處理得當，絕對是難忘的美味。

“師傅，客人點的黃金茄汁粿條，煎好沒？他們在等著呢。”聽到這類催促，廚房師傅都會不耐煩地回話。因為“煎黃金茄汁粿條”是一個費工夫的廚活，且一般上這個菜時又是工作的尾聲了，累了。但這確實是一味值得推崇的煎炒粿條，搭配合理，酸甜有度，開胃惹嘴，特別吸引人。

• “佃魚”是潮汕人的叫法，學名龍頭魚，廣州人稱之為九肚魚，國內大部分叫豆腐魚。

“煎黃金茄汁粿條”，更主要是有乾炒與濕炒同時存在的廚藝技巧。讀者不妨了解一下這個操作過程。{見 >> P261 獨門食譜}

這道菜在上席時可根據人數分位，也可整盤上席，同時配上番茄汁，由客人自行調配。

炒粿條確實與潮汕普通老百姓的日常生活息息相關。你若問我吃什麼炒粿條，我最喜歡的是炒蒜仔粿條，用乾炒的手法去完成。按照一成蒜仔、二成芹菜和三成青蔥搭配，然後切細段節，還需要一點鮮蝦剁碎和豬頸肉片來支撐味道，關鍵還要有雞蛋的加入。

先把粿條用油炒開後煎至黃金色，再加入雞蛋（目的是收乾油分和提香氣）。蒜仔等輔料通過熱炒後，調和味道，適量保留點湯汁，把煎好的粿條匯總，迅速翻炒，在鼎氣的襯托下收乾水分。此時的乾炒粿香氣足，鬆爽口，更有蛋香的芬芳綿延。

以上所寫的炒粿條品種都是我親歷過和烹製過的，與他人的炒粿條無關，與其他人的看法也無關，純粹私人心得分享。

炒麵

在老標準餐室的廚房裏，陳友銓先生在生煎一盤伊麵：他手握鐵鼎輕輕地搖，時而把鼎放入爐中，時而將鼎帶離爐火。他慢慢搖著，偶爾滴點油沿鼎邊注入，讓它隨著熱氣慢慢流入鼎中。他非常耐心，過程中還要時不時把伊麵翻轉過來看一下，確保讓伊麵有一面呈金黃色。

烹製一盤生煎伊麵要花費如此工夫，讓初入廚的我們印象深刻，至今不忘。

在炒麵條的類別中，生煎伊麵和熟煎伊麵，絕對是上了檔次的出品。然而今天已經見不到這種慢煎伊麵，特別是生煎伊麵的場面了。因為這是一個慢工細活的工作，特別費神，如今的廚房師傅都不願意再這樣付出勞力。

曾記否，飲食界老前輩梅伯在休閒時，用半是講古的方式，為我們解說一些舊時飲食事，包括潮州伊府麵的故事。

相傳古潮州府有一位姓伊的知府爺過生日，廚夫用雞蛋代替清水加入麵粉，通過揉搓後擀成麵條，然後放入鼎中用慢火去煎，配以韭黃和火腿粒，最終煎成了一盤金黃色的長壽麵條，香氣十足，十分可口。知府爺高興，遂賞銀兩。

幾乎每家潮汕店舖裏都有的炒麵

由於故事發生在潮州知府爺家中，知府爺姓伊，後人便把它稱為潮州伊府麵。故事的真實性已經無人去考究和驗證了，費功夫的生煎伊麵卻經多次改變，留傳了下來。

一度流行於香港的港式潮菜中的乾煎伊府麵，便最先改變了它的原料和原始煎法。香港的伊麵用色素添加到麵粉和雞蛋中去，讓伊麵的色澤更加豔麗。在乾煎伊麵時也改變了原來的慢煎方法，在簡單濕煎後，便放入烤爐中去慢烤至雙面金黃，與傳統的單面煎有根本上的區別。

伊麵的做法，可不能單純以一個煎法作為代表。其實它更多是放在燜上，典型的有“雞絲燜伊麵”“海鮮燜伊麵”“龍蝦燜伊麵”“鵝肝醬燜伊麵”等。許多人不理解，麵條應該是用在炒或者泡湯上比較多，伊麵則更多是用燜的手法去完成，而有歷史傳説的潮州伊府麵，卻用一個“煎”字去完成，真有意思！

解讀我認識的潮州伊府麵做法，就不難理解了。伊麵的初加工是用雞蛋與麵粉和成，不滲透任何水分，麵團質地相對柔硬，其後又通過熱炸，麵條無含水量，達到可以存放多天的目的。

燜伊麵和乾煎伊麵的過程中，需要把炸好的伊麵進行回軟，讓其吸入更多水分或湯汁，達到柔軟的程度，只有採用燜的手段才最適合。

論炒麵條，潮汕人不會不知道普寧縣的炒鹹麵線，因為它很特別。普寧人把麵條加工到很細很長，故而不叫麵條而叫麵線，也有人把它叫成長麵線。此種麵線能儲存一定的時間，因為麵中加入了鹽，特別是在過去，它的含鹽量極高。

感謝智慧的先民，他們想到了用鹽來延長麵線的存放時間。曾經的普寧縣，每逢過年過節和有喜事，四鄉六裏的鄉民都會炒鹹麵線和烰油豆乾，招待四方來客。

炒鹹麵線，須特別注意的是要先行泡煮，然後浸漂稀釋鹽分，待冷涼後把麵線剪短，便於翻炒。輔助材料最好是韭菜、豆芽和煎過的豬油渣（膀粕），簡單的搭配是創造美味的最便捷方法。若論炒鹹麵線的品味，回鍋炒的鹹麵線更好吃，信不信由你。

潮汕沿海地區有一款麵條，它不是用麵粉做成的，而是用魚肉做成的，叫魚麵或魚麵條。魚麵，最早應該是在惠來縣或潮陽縣等沿海的小漁村出現。那裏的人們在製作魚丸的同時，又用魚泥漿創造了另外兩個品種——魚餃和魚麵。

原始的生魚麵是把鮮魚通過刀工，取出魚肉，剁成魚泥，經摔打至起膠質，然後一邊輕輕擀平，一邊撒入乾芡粉讓其不黏案板，直至擀成薄張狀，經對摺重疊後用刀輕輕地切成麵條狀。過去，我們在炒魚麵條時需要一些輔助材料來搭配支撐，才顯得派頭十足和鮮味香氣到位，特別是配上鮮蝦仁和韭菜黃、豆芽菜或蔥段，最關鍵還要有適量的鰈魚末。

炒魚麵條的時候，要先用滾水把生魚麵條燙熟後漂涼。把鮮蝦仁、韭菜黃、豆芽菜放入鼎中炒熟，注入少許上湯，調上味醬，勾少許薄芡，然後把魚麵條匯入混炒，在鼎中多次翻炒至稍微乾身，再撒上鰈魚末即好。此種炒魚麵條，味鮮、嫩滑，可做菜餚，也可做主食。

今天菜市場攤檔上所擺賣的魚麵，已經不是過去慢工細活做出來的生魚麵條了，大部分是用熟魚酵餅切成細條的魚麵條。魚泥膠漿通過蒸汽炊成魚酵餅，然後用刀切絲，雖然有彈性，也爽口，然而鮮味減少，缺乏“滑嘴感”，比起生魚麵條，各方面都稍差一些。

民間有一款手擀麵條，特別誘人，在全國各地的家庭都曾經有過，非常流行。手擀麵條的隨意性也非常強，搭配的輔助材料也比較廣泛，既能填肚充飢又可享受美味，一舉兩得。

我喜歡上手擀麵條應該是在二十世紀六十年代初期，當時僑居泰國的母姨寄來一包大米和一包麵粉。大米用於煮粥煮飯自當不在話下，麵粉就要變著法吃了。那時候油脂之類相對緊缺，要炒一盤手擀麵要等到節日來臨或者有客人到來，其餘多數是把麵粉擀成麵條後去煮湯。

猛火炒麵

炒手擀麵條，先把麵粉加水後搓揉成團，再用擀槌壓滾成麵張（家庭無擀槌可用酒瓶代替），然後用刀切成粗細條。煮滾水把手擀麵條泡熟撈起，轉放入清水漂涼，用少許生油拌均勻，讓麵條相互間不要黏連。炒手擀麵條，潮汕家庭多搭配五花肚肉片和豆芽、蔥。他們把五花肚肉切片，放入鼎中慢煎至出油，然後加入豆芽、蔥一起炒熟，調上味醬，勾上薄芡，再把手打麵匯入鼎中，用鐵鏟迅速翻炒，收乾水分後即好，此時香氣十足。

炒手擀麵條，被逐步引入酒樓食肆後，也提了檔次。酒樓食肆會加入鮮蝦仁、雞絲、肉絲甚至鮑魚片。菜料搭配上多數選擇豆芽、韭菜、蔥、筍絲、番茄等。炒手擀麵條，直觀上判斷，它不會因受到鹼水的加入而產生厚、重味之分，更不用顧及其手工切麵條時的粗細影響。

有人曾問我，如果選擇一項有關麵條的品種去經營，你會選擇什麼呢？我曾經幻想著開一家潮式乾撈麵，自己滷肉，自己調醬，甚至自己擀麵，每天限量五十碗，店名就叫"老鍾叔乾撈麵店"。哈哈！至於炒麵嘛，有點費力氣，真的不敢想了。

伊府麵與鹹麵線

把絲絲的蛋面煎得一面金黃，一面蛋香氣十足，然後撒下韭黃末和金華火腿末，再用慢火把金華火腿的肉香味煎到四溢飄香。起鼎後放在平盤上，用刀叉對開切角，用芫荽點綴，配上白糖粉和陳醋，即刻上席。這是一款早期潮菜廚房稱之為潮州伊府麵的菜餚，它的美麗傳説前文已述，作為廚師的我，更應該關心的是，目前流行的伊麵做法是否好吃，能不能多一些做法。

伊麵

細思下，“炆肉絲伊麵”“炆雞絲伊麵”“炆龍蝦伊麵”“炆鵝肝醬伊麵”躍至眼前。這些伊麵的做法，都是傳統潮州伊府麵的演變，在款式上也改變了很多，現在無法糾正出品的偏差，但有必要在傳統做法上做一些介紹。{ 見 >> P262 獨門食譜 }

完成一味乾煎伊麵，在操作上還是比較辛苦，特別是在煎至金黃色的時候，火候控制是需要有一定功夫和耐心的，故如今被許多廚師棄用。現在大家大多採用炆的方式去完成，效果也不錯。

除了以上的伊府麵，我認為在潮汕地區最具有代表性的麵條當屬普寧鹹麵線。這種鹹麵線是用粗麥糧加鹽後拉成線條，曬乾後捲成一捆捆。

過去，食材的生產和存放技術相對比較落後，所以加點鹹度，能最大限度地讓麵線得以保存，這就是普寧鹹麵線一直存在的理由。

在潮式酒樓中，普寧鹹麵線是必備的食材之一。它同滷鵝、沙茶醬、牛肉丸、炸薯粉豆乾一樣，會被很多潮汕人視為思鄉情結。每到一處潮式酒樓食肆點菜時，潮汕人大都會要上一盤沙茶牛肉、一盤滷味和一盤炸薯粉豆乾或者炒盤鹹麵線。

鹹麵線最傳統的炒法，應該是普寧人的炒法。他們大都是以豆芽、韭菜加朥粕去炒，此味雖單純然而香氣足。

炒鹹麵線有以下幾點需要特別注意：

一是鹹麵線需要進行飛水、漲泡、漂涼、瀝乾水分，去掉少許鹹質，同時讓麵線體積得到恢復。

二是炒鹹麵線的時候，沒必要添加任何肉料或者海鮮料頭，如果加入這些肉料和海鮮，反而效果不佳。另外，鹹麵線復炒最佳。

除了炒法，還有一味炸鹹麵線圈：鹹麵線泡水後，用竹筷子捲起一圈圈，蘸上雞蛋液，然後放入油鼎內熱炸至金黃色撈起，配上糖粉，絕對是一味非常可口的民間小吃。

除此之外，煮鹹麵線湯也是極好味的，特別是搭配佃魚，更是鮮味無限。這款做法是鮮為人知的，介紹這款佃魚煮鹹麵線湯，讓你也能學得到做法。{ 見 >> P263 獨門食譜 }

特別提醒注意：佃魚煮鹹麵線一定要用清水，不適宜用肉骨湯之類，這樣才能保持佃魚的鮮味。

鹹麵線

乾撈麵印象

泡麵師傅用嫻熟的手法操弄著，生麵條逐份拋進滾水鍋中；隨手取一隻碗，調上肥滷汁，和上芝麻（花生）醬和幾粒味精；再把鍋中的麵條撈起，順手抖幾下，把含在麵條中的湯水抖乾淨後，倒進調好醬汁的碗中，用竹筷迅速攪拌。隨後疊上幾片切得薄如紙的瘦滷肉，輕輕淋上少許的肥豬油，再加一點蔥珠、芫荽點綴助香——這就是許多汕頭人心愛一碗乾撈麵。

目前汕頭市就有幾款值得一說的乾撈麵，他們是老牌的愛西餃麵店的芝麻乾撈麵、大柴花生醬乾麵、潮陽塔腳乾麵和佳武乾麵。保留得比較傳統的乾撈麵，應首推汕頭市愛西餃麵店。

此店坐落於外馬路與國平路轉彎角，即國平路 1 號。按照對泡麵條的理解，愛西餃麵店的乾撈麵在傳統的泡麵方法中做得比較好，在價格上更適合普通大眾，因而一直生意興隆，長盛不衰。

我也是乾撈麵的愛好者，為了滿足味覺需要，會隔三岔五跑去點一份想要的乾撈麵，特別是到愛西餃麵館去。

這家店創於二十世紀三十年代，由盧姓大埔人創辦，具體名字已經無人提及，只知道他曾在原來西南通酒店的斜對麵擺著臨時攤檔，經營了一定時間後才租得此門店，終得入室經營。麵店一直都以

乾撈麵

乾撈麵、炸勝餃為主，兼營粿條湯、麵條湯和丸湯、魚丸、肉雜湯。1956 年企業進入公私合營後，汕頭市比較大的酒樓食肆都歸口到國營單位去了。規模比較小的小吃店大部分並入集體合作商店，成立統一合作管委，同時也納入市級飲食服務公司的管轄。改革開放後，由普寧人羅氏承包經營，故此有人把它説成是羅氏創辦，這應該是誤解，畢竟承包者與創辦者不同。

為什麼會被冠稱上“愛西”二字？許多人都認為這是一種“中不中、西不西”的叫法，不知道其中有什麼文化內涵。

我聽到的第一版本，是説盧氏租得舖面後，覺得此舖面向西，又是西南通酒店樓下的一部分，而潮汕有一句俗語“舖向西，富到無人知”，於是就把店名叫愛西餃麵店，一直延續至今。據説在之後某個時期，它差點被改名。

早期飲食行家蔡童先生透露過，他説這是因一句英語誤讀而造成的。汕頭老市區這一帶距離碼頭、口岸較近，經常有一些外國人出入，到處逛吃。當年外國人到這家攤點吃乾撈麵時，覺得非常好吃，想要來一碗乾撈麵又叫不出名字來，他們便用筷子夾麵條的彎曲度，比畫著喊成“S”，由於語音的關係，覺得像是叫愛西一樣。叫之叫之，這“愛西”二字便被留住了，冠名成店了，一直經營至今。這是我聽到的第二個版本。

近百年了，汕頭人民一直記著這家愛西餃麵店，理由很簡單，他們做著一碗看似簡單卻不簡單的乾麵，用心做一種不變的味道，留住了一群不變的客人。

如今愛西乾撈麵已經取得中華傳統名小吃牌匾和百年老店字號。愛西乾撈麵這種傳統泡麵方法作為汕頭市非遺文化，也已經傳至第三代傳承人林氏師傅手上了。上級機構的這種苦心，目的是希望他們把這一味道和民俗飲食文化繼續保留下去。

我結合自己是廚者和泡過兩年粿條、麵條的經驗，分析乾撈麵的一些因果關係。若具備了以下一些條件，此碗乾撈麵一定好吃。

一是製作麵條必須選用普通麵粉（無須細麵粉）。這種麵粉帶有粗纖維性質，又兼帶粗糠香味。在加工和成麵團時必須加入食用純鹼（鹼水具有疏水和消食功效）。加工成麵條要採用傳統竹槌去擀麵，而且要反覆擀壓，這樣更能產生筋道和嚼勁（此手法又稱為竹槌麵）。

二是必須調好乾撈麵的拌麵醬汁和疊配在麵條上的滷肉。這是烹製一碗乾撈麵最為關鍵的一個環節。按照理解，選用豬肉用醬油去滷，滷肉可以作為疊肉之用，其滷汁可以用來調和芝麻醬（花生醬），作為拌乾撈麵的醬汁，目前這是最佳拌麵醬汁。

三是乾撈麵必須搭配一碗好湯。許多餃麵店在製做成乾撈麵的同時，都會順帶搭配一碗湯，讓客人在吃乾撈麵的時候，能喝上湯水來緩解口乾。這一碗好湯，強調要有特色，可以單獨清湯或者配上肉丸、魚丸之類，或者豬雜、海鮮，加上蔥花、檸檬、酸鹹菜、生菜之類，都會鮮味無限。

要提醒注意的是，一些人會把陳醋直接淋到剛端來的乾撈麵上，像在增加味料一樣，但這種加法是錯誤的。這樣的吃法會影響乾撈麵的芝麻醬香味道。淋上陳醋主要還是因為感覺到油膩，想借陳醋解膩。

我們熟悉的北方乾撈麵，都是在泡麵過程中使用過冷河方法，目的是讓麵條不黏連而爽口，也便於醬汁、醬料的攪拌。而汕頭乾撈麵則不同，這乾撈麵是需要熱麵熱吃，所以在攪拌的時候必須加入適量肥豬油，讓麵條不黏連，同時又能增強它的香氣。

番薯

今天吃什麼呢？好朋友曾建新先生提出煮番薯粥，大家一致説好。李楠先生建議番薯刨絲來煮粥更有意思，更能體驗到二十世紀六十年代的生活韻味。

如果是這樣，那必須交代歷史上番薯的種種表現。“番薯抽”是由一塊木板穿孔裝上很多鐵皮斜孔，鐵皮斜孔在板面上稍微高一點。番薯洗淨去皮後在板面一側用力推去，木板的另一側就漏出絲絲狀的番薯絲來。煮番薯絲粥非常有趣，過去是大生鐵鼎放灶內，當生米滾至半爆花時，家庭主婦便在鼎沿上，往滾粥裏刨入番薯絲，番薯絲落鼎後一下子就熟透了，量多量少以自己判斷為準。

家庭吃番薯絲粥，搭配上都是醃鹹菜、煎菜脯蛋、南乳豆乾粒、“鹹究”麻葉•等這一類普通雜鹹，在過去是必不可少的。如果是惠來等沿海人，加點魚飯••就是最愜意的生活。

大潮汕地區，除了上述番薯絲粥之外，還有一種是番薯剁塊煮

• 麻葉通過一種鹹菜汁煮後，有馬上縮水的感覺，故名鹹究麻葉。

•• 潮汕地區特有的“以魚當飯”，漁民將部份漁獲用鹽醃後再用鹽水煮熟，自然冷卻後食用。製作前通常不先開膛和刮鱗，原條浸熟或蒸熟後晾涼，配潮汕豆醬（如普寧豆醬）食用。

粥的，口感截然不同，實際上更是顯示了不同的生活條件。

潮汕民間形容煮番薯絲粥是“魟魚撓水蚊”，意思是粥粒稀少像蚊子一樣，當番薯抽絲加入粥中又如魟魚一樣遊蕩。一句苦澀便反映了當年的艱辛生活。番薯塊煮粥，則如“豬腳燉薏米”，番薯形似豬腳剁塊，放入薏米中同煮，事實上暗示著生活比“魟魚撓水挽蚊”要好。

番薯，也有人叫地瓜，是種在田埂地上的根莖植物，它成熟了的莖在地下，狀如瓜果。番薯的生長期為三至四個月，產量頗豐，因是外來植物，遂被冠以“番”字。番薯品種繁多，以地方的愛好及種植地命名居多，汕頭市過去有很多叫法，如“老嬤種”“韭菜”“雞爪”“烏骨企龍種”“水芋種”等，都是民間的土名。

番薯也分為粉多和粉少兩類。名為“老嬤種”的白色薯類，個頭大，整個呈白色狀，粉的程度高，產量非常低，後被嫁接成其他品種了。據説“老嬤種”已消失。

名為“韭菜種”的番薯，其肉帶淡紅略黃，甜而膠黏糯，番薯葉有如韭菜葉，所以被稱為韭菜種，也是因產量少，最後被淘汰了。

“雞爪種”是紅心肉，甜而甘硬，存放一段時間，糖的氧化讓番薯鬆軟柔糯，特別好吃。植物的葉有如五指毛桃的葉，形似雞爪掌，故稱為雞爪種。也因個頭太小和產量少，在那個需要產量的年代，被嫁接成其他品種了。

“烏骨企龍種”，不可思議的一個番薯名稱，有如武俠小説中的某個武林高手，施展著變幻的拳手，讓你讚歎。“烏骨企龍種”番薯又粉又甘甜，遺憾的是個頭瘦細，長相又不好看，彎曲多而且網筋也多，吃時體驗不佳。

番薯

不得不說的還有一種“水芋種”的番薯，色澤不錯，大葉粗藤，不粉也不甜，有點帶甘但水脆感強烈，吃時口感極差，優點是產量非常高。在需要產量的年代，自然被留下了。

農業科學研究所的專家有嫁接術，把很多產量少而又好吃的品種與產量高但口感差的嫁接在一起，經過逐步改良，達到了產量和質量的平衡。就這樣，另一類名稱的番薯也出現了。潮汕人所稱呼的“幹部種 1 號”“幹部種 2 號”“普寧 6 號”“普寧 3 號”等番薯新品便是當年嫁接出來的產品。

歷史上，番薯的作用有很多值得思考，它在彌補糧食不足的作用上，永遠不能磨滅。在饑荒年月，番薯在填飽肚子上功勞不小。除了煮番薯絲粥、煲番薯飯，更有直接烤焙番薯、切薄炸番薯片、糕燒番薯、反沙番薯塊。特別值得一提的是大熱天的生薑紅糖水煮番薯，既充飢又去暑，很多人一到夏天就想吃。

在日常烹製中，利用番薯粉調製的成品種類有很多，比較突出的有番薯粉菜粿、韭菜粿、菜頭粿、炒薯粉條、綠豆爽、煎蠔烙、薯粉豆乾。在調和菜餚中，番薯粉加水攪拌後作為勾芡的用途被廣泛運用。在食材油炸時，用薯粉作為掛漿的比比皆是，讓菜餚烹飪得到補缺。

在食物緊缺的年代裏，番薯讓很多人吃到生厭；而今的生活豐富多彩，物質富足了的人們反而覺得番薯很可愛。

多年前聯合國一個權威部門在頒佈最佳食材時，把番薯列在食品中的第一位，特別是紅心番薯。營養價值我説不上來，但它在人體中清除渣物的功能是一流的。我揣測，通便是人體最好的生理條件反應，通則順，這可能就是最佳食材的主要原因吧。

荷蘭薯

過去從汕頭市區要去達濠鎮，須坐渡船過礐石海，然後騎單車或步行才能到達。如今不僅有了大橋，還有海灣隧道通南北岸，前往達濠鎮方便多了，濠江區也成了汕頭中心區域。

以前，達濠鎮屬潮陽縣管轄，是一處漁產極豐盛的碼頭，以海產烹製的菜餚極多。魚飯、魚丸、魚冊、魚餃、蝦丸、墨斗丸、墨斗卵粿、魷魚絲、荷蘭薯粿……數不勝數。

寫達濠，必有達濠事。真的，做飲食的人，忽然收到電視台美食節目主持人馮卓帆女士送的兩條荷蘭薯粿，說是達濠城區人做的，當地人叫蛋捲。一試，感覺還真不錯，有意想不到的海鮮味，特別是那種乾魷魚香氣藏留在荷蘭薯中，煎後香氣飄出。由此產生了要到達濠城區探店的念頭，想去看看這家做蛋捲的荷蘭薯店。

蛋捲也買回來了，為什麼把荷蘭薯粿叫蛋捲卻問不出來，他們只說在達濠和河浦這一帶都這麼叫，應該是沿著祖先的叫法，習慣成自然，也就不改了。

達濠晶合酒家老闆梁志桐先生像講故事一樣跟我說，過去達濠、河浦一帶的人比較窮，雖靠近海邊，想吃魚肉也非常困難，他們甚至連家裏養的雞生的蛋都要拿到墟市上賣，來換取日常生活用品，不可能用蛋來烹製蛋捲。而達濠、河浦一帶的土地所種出來的荷蘭薯，薯肉呈黃色，當地的村民蒸熟去皮後碾成荷蘭薯泥，通過調入味料，捲成一條條，炊熟黃金燦爛，有如雞蛋色澤，從此便把它稱為蛋捲。從邏輯上來説，這個解釋似乎也合理。

我還是孥仔的時候，曾問過長輩，潮汕人為什麼把“土豆”稱為荷蘭薯。長輩説是從荷蘭國來的原因，就像荷蘭豆一樣。哈哈，有趣，也易懂。潮汕人把去外國稱之為“過番”，地瓜是從外國來的，便叫作“番薯”，西紅柿叫作“番茄”，小黃豆叫作“番豆”。這種通俗易懂的叫法讓我記住一輩子。隨年齡增長和知識的普及，我才了解到荷蘭薯不是荷蘭國的專利，世界上大部分國家都有土豆，在南美特別多，而且它是世界上第四大主要糧食。

有趣的是，土豆還有另外一個名稱——“馬鈴薯”。相關資料這樣介紹：遠去的年代在託運土豆時，運輸工具是馬車，而拉馬車的馬匹繫著響鈴，走到哪裏響到哪裏，人們聽到鈴聲就知道運輸土豆的馬車來了，土豆又像番薯一樣，便稱之為馬鈴薯。未知這種介紹是否合理？還有資料介紹，馬鈴薯的形態像馬鈴鐺，故稱為之馬鈴薯，康熙年間就有這樣的説法。

更有趣的是潮陽人、普寧人、惠來人把土豆叫“甘苘”，把“荷蘭薯粿”叫“甘苘粿”。其實我也是被弄糊塗了，前思後想，可能有某些味覺相同吧。分析一下，土豆蒸熟後來吃，感覺上和蒸熟後的番薯一樣甘甜，有相同的甘甜感覺，便稱為“甘苘”。這樣的解釋可能也比較牽強。

因荷蘭薯粿，想到它的諸多名字，又想探索一下土豆的其他出品。

“土豆燒熟了，再加牛肉。” 這是毛澤東主席當年針對蘇聯寫的詞。我是飲食人，知道土豆在烹調上可以用牛肉來烹製，出品上很廣泛。

土豆作為世界第四主要糧食，具有充飢與菜餚風味烹調的雙重功效。南美及非洲國家有很多人都是將其蒸熟，烘焙熟後直接進食充飢。西方則是通過烹調技術，讓土豆大展拳腳，特別是在美食美味上延伸出更多花樣來，通過加工提取土豆粉，製作成各種粉條，還有碾成土豆泥、炸薯條、炸薯片等。

我國北方最出名的是炒土豆絲，把土豆刨去外皮，挖掉芽眼，然後切絲放入水中，洗去澱粉，防止它在鼎中黏連，難以翻炒，同時也是防止土豆絲變黑。至於土豆燒牛肉、土豆炆雞、土豆炆鴨、咖喱排骨炆土豆等品種，更不用多說了，只要大家都努力，土豆還是有很多烹法，這一點，我是相信的。

說到這裏，我也來做幾條荷蘭薯粿，同時也把獨家配方寫給大家，弄得好，也能自得其樂。{ 見 >> P263 獨門食譜 }

如果想學做荷蘭薯粿，照此方法一定無錯，只是好吃了不要忘記我。

荷蘭薯粿製作過程

薑薯

這是 1986 年的事，鷗汀鄉要舉辦迎春招待，招待在港澳的鷗汀鄉賢回鄉省親。為招待好眾鄉賢，他們特地委託家鄉人山先生找到我們，為他們家鄉烹製一次比較好的潮州菜。招待分兩次舉辦，每次約十五桌席。

在鮀島賓館工作的我推脱不了，便找柯裕鎮師傅和魏志偉師傅商量，最後組成由柯裕鎮師傅領頭主砧、陳基銘師傅主鼎的廚師團隊，為他們烹製兩場特殊的鄉宴。

不一樣的宴席才會有不一樣的故事。第一場宴席因天氣變化而打了折扣，使鄉鎮領導不滿，一切解釋都是徒勞，儘管有柯裕鎮師傅這個老牌廚師坐鎮，也是蒼白無力。聯繫人山先生非常著急，當夜找我商量，希望第二場宴席要做得更好，挽回顏面。

我冷靜分析失誤的緣由，天氣變壞和突然落雨是影響準備工作的罪魁禍首。露天辦桌席最怕就是天氣突然變壞，而承辦宴席成功與否，最關鍵是看準備工作是否做得充足。

我們還是按照原來的菜單準備，不同的是我把甜味菜餚變換了，最後的薑薯白果被放棄，我大膽提出用薑薯來烹製一條薑薯鯉魚，並且學著粵菜的命名方式，冠稱為“年年有餘”。

當時考慮客人大多是居港澳的潮汕人，而港澳潮汕人又有一定的廣府文化，這一改變符合臨時需要。由於時間充分，我與魏志偉師傅又參與到準備工作中去，出品的菜餚具有潮汕特點，上菜一路順暢。

當最後的甜食菜品薑薯鯉魚生動地出現時，客人大加讚賞，鄉鎮領導非常滿意，因此留下比較好的印象。

説千道萬，今天想單獨談一談薑薯在潮菜及民間的一些表現。

薑薯，主要產區為潮汕地區，品質優者要數潮陽河溪上坑鄉。但它從何處而來，經歷過多少年，我從沒去了解，因而不詳。

作為根莖植物，薑薯能成為食材的部分主要生長在地下，屬春夏播種、秋冬收穫的薯類，其形狀似淮山，但稍為短粗；毛孔多鬚根，刨去外衣呈白色，更是黏液纏身。聰明的潮汕人在刨薑薯的外衣時，會放水中去刨，以免黏手。

薑薯

薑薯白果湯

潮汕民間吃薑薯最普遍的方法是刨片煮糖水，用一種瓜刨輕輕在水中刨出一片片，薑薯片在水中又捲曲成串串，加入甜湯中軟糯又脆口，極度舒服。

特別是春節，潮陽人喜歡初一的早晨吃一碗薑薯甜湯，寓意為一天從一早就開始甜，説明今年會事事滿意。他們也準備了一些薑薯放在家裏，以備親戚朋友來拜年時，可以隨時煮碗薑薯甜湯來招待客人。

事實上薑薯可以變身為多種甜食菜餚，特別是薑薯通過碾泥後加入其他食材，更是百變，除了上面提到的薑薯鯉魚，還有薑薯壽桃、薑薯五果、花生糖薑薯丸。

潮汕有一種做法叫炣燒，它通過醃糖逼食材出水分，再通過煮糖的過程，讓糖漿入體，形成黏體。在潮汕民間，既然有炣燒番薯芋，那就有炣燒薑薯芋。

我對炣燒薑薯提出自己的看法——

炣燒前建議刨皮改塊後用清水浸泡一下，減少一些黏液，然後用油熱炸至炣燒塊呈金黃色，撈起後用潔淨的砂鍋注入白糖和水，用慢火煀至入汁黏連，完成時加入蔥珠。

烹製薑薯系列品種中，薑薯鯉魚是 個手工菜和仿生工藝菜，它形態不一，生動活潑，栩栩如生，能體現出廚藝功夫的完美。

炣燒薑薯丸

芋頭

上次寫了番薯粥，把番薯的能量放大，因而產生連鎖反應，吸引了其他薯類的加入，諸如佘鵝薯、東京薯、薑薯等，也引發了關於薯類的各種討論。美食家沈嘉祿先生真好玩，突然間，他又拋出了一個芋頭來，詳細地説著芋頭的一切，我差點被砸中了。循著沈嘉祿先生的話題，我也寫點跟芋頭有關係的東西。

在潮汕，説芋頭的烹製，大都想到“炣燒番薯芋”，太俗了，其實應該先説芋泥。芋泥是一個單品種又是可複合多品種的甜品，它好吃又熱燙，想吃又太甜，屬於令人又愛又恨的甜食菜餚之一。我初學廚，在加工製作芋泥的時候，師傅説芋泥可以存放半年至一年，但在熬煮時要注意芋頭、白糖、油膀的投入比例和火候的時間控制。

芋頭一斤，白糖八兩，油膀四兩——這個比例，我一直記得。如今芋泥的製作都在朝著低糖、低油、低脂肪的方向去，烹者紛紛把傳統的配比放掉，改製較少糖量的芋泥，因而贏得了市場，至於保存質量和時間，那就難説了。

芋泥，也有稱“炣燒芋泥”，直接做成甜品菜餚。如加入白果就叫“白果芋泥”；大南瓜用糖蜜餞後的甜瓜片，覆蓋在芋泥上面，便可稱呼為“金瓜芋泥”；用心的廚者，將五花肚肉煮熟透後，用油去

金瓜芋泥

熱炸，再用白糖熬煮爛透，形成綛紗肉，覆蓋在芋泥上面即為“綛紗芋泥”。

芋泥也可作為餡料，與其他食材組合為另一甜食品種。首先選擇糯米粉沖水和成一團團，然後包上芋泥煮成甜湯叫“芋泥湯圓”，潮汕人還稱它為“鴨母捻”。如果把糯米粉團包上芋泥，輕輕一壓，放入油鼎內熱炸，則是“潮式芋泥油粿”。

“甜湯芋蛋”，是家庭主婦最喜歡的，芋蛋不粉也不水，下點蔥珠油，香甜即現。如今這種芋蛋比較少見了，因為在採收芋頭的時候，芋蛋已被削掉了。

如果用酥皮包裹芋泥，烘焙後即成為美妙的“芋泥月餅”。還有一款讓你未能理解的高端出品。只要是一半燕窩一半芋泥，相互滲透，絕對是一款好味的“芋泥燕窩”，高端品位與田園風味相結合，讓高貴的燕窩在俗氣芋泥的陪襯下步入百姓家。

潮汕的酒樓食肆和民間家庭對芋頭的烹煮有太多理解，他們風味各異，絕對是你想不到的。因此，芋泥除了做成甜食，鹹食也一樣出彩。在加工芋泥時不要投入白糖而加入少許鹽，即可成為鹹芋泥。過去有一款菜餚品種叫“糊塗鴨”，把鴨肉骨脫了，再裝進了鹹芋泥，封口後上色炸了，進而燜燉，爛了再炸，香酥酥的，這就叫“香酥糊塗鴨”。“這步那步，鬆魚頭燜芋”，這一款傳頌多年的潮汕古味菜餚，是香與鮮共存的傑出表現。

突然有一天我受到誘發，“煮松魚頭芋”的湯汁好吃好味，有如羹一樣，那何不把鹹芋泥拿來煮佃魚呢？於是我先把佃魚去頭片開，挑去中間魚骨，再切成粗肉絲，用少許上湯把佃魚煮熟。芋泥用上湯

芋泥南瓜煲

和開，投入煮熟的佃魚一起混合，利用芋泥的黏性烹製成羹，確實是味鮮湯香濃。

再來說說芋頭的綜合素質和品種吧。一款芋頭，不用刨皮，只要清洗乾淨，用刀把芋頭切八瓣，撒抹上少許鹽，放入蒸籠炊熟，粉口帶鹹，很多家庭都體驗過。特別是每年農曆七月十五、八月十五，很多潮汕家庭拜神祭月，這種蒸芋頭作為供品經常會擺到桌面，什麼理由，各有說法。

“大南瓜煮芋頭”加入幾粒拍碎的花生仁，特殊的芋香氣息讓你難捨。“薄殼煮芋”，每到薄殼盛產時，帶粉的芋塊煮至快熟時，放入帶殼的新鮮薄殼，頓時芋味鮮味同時被誘發，吃時愛不釋手。反沙芋塊、熱炸芋片、芋絲捲煎這些平時在潮汕酒樓食肆才能品嚐到的芋頭製品，如今在市場上已經隨處可見，食客、百姓能隨時品味。

香芋扣肉很多地方都有烹製，大家都在爭首創地。我只知道中國的很多地方都產芋頭，廣西、廣東、湖南、雲南、四川等省都有，而且質量都很好。最值得稱讚的是廣西桂林荔浦縣的芋頭，個大而且粉，曾經是貢芋的級別。潮汕地區也有過好芋頭，揭陽玉湖鎮東寮村的芋頭就是一例。東寮村芋頭個頭不大，肉質微赤不帶紅筋，糯且粉。蔬菜大王李總幾年前拿了幾個東寮芋送我，聲聲說這是本地好芋，留給自己吃。我回去一烹，真的是有意想不到的驚喜。

我至今都弄不明白芋頭原產於何處，朋友從美國來，說美國的芋頭真粉。我去過泰國，在曼谷街頭店吃過老四魚頭火鍋，他的湯底料是芋頭。我問他們，暹羅也有芋頭嗎？他們說有的，也是很粉。我便覺得芋頭應該是遍佈全球的，嘻嘻！

沈嘉祿先生寫芋頭，我關注到他把芋頭在中國的範圍分佈寫得

反沙芋頭

清楚，把年代也寫得很明白，原來芋頭在古中國一早就有了。沈先生說他曾在一家拍賣行看到明代畫家鄒之麟的一則信札，領會到其中“蹲鴟十五枚”指的就是芋頭。原因是劉一止所著的《非有類稿》中描述過蹲鴟的形象是芋頭，於是更能表明我們古代就有芋頭了。當然，袁枚先生也多次提過芋頭一事，甚至烹之，也說明了這一點。

太累了，寫篇文章好像在揉碎芋頭一樣，希望揉碎的芋頭能成為芋泥，繼續散發它的香氣。

八珍糯米飯

我在標準餐室學廚的時候，看過李錦孝師傅在烹製一碗甜糯米飯。他老人家把一塊柿餅對開後切成四角，再逐角切成薄片。隨之逐片放入大碗公（寬嘴碗）底部，形成花朵，然後把處理好的甜糯米飯輕輕放到柿片花上面，又輕輕地壓實，通過蒸籠的蒸汽讓其融合後取出，反轉後把大碗公拿掉，一碗帶有柿餅花朵的甜八珍糯米飯便形成了。

此做法的甜八珍糯米飯看似簡單，其實在擺砌成花朵這一環節上還是有一定難度的。如今此種做法幾乎沒人做了，想想有些遺憾。

事實上，我今天不為八珍甜糯米飯的擺砌糾纏不清，而是要搞清楚：甜糯米飯作為甜品，為什麼經常會被安排在生仔請客的酒席中呢？我詢問過許多人，大家都不明其理，由此這個問題困擾了我很多年。

近期在寫一些飲食心得，我忽然又想到了八珍糯米飯這個甜食菜餚，這一次我決定打破砂鍋問到底，求證潮州市潮菜名師方樹光師傅，他說出了一個讓我比較信服的理由。他說在潮州的過去，某一家庭生男丁請客，他們除了準備豐盛的名菜佳餚之外，甜糯米飯是不能沒有的。當客人離開的時候，每人還會被派送上一包用竹葉包好的甜

甜八珍糯米飯的材料

甜八珍糯米飯

糯米飯，而且還必須要有“飯丕”（鍋巴）在其中，其意義是“兑”（潮汕話“跟”的意思），寓意客人也跟主人一樣生男孩。

這似乎是一個比較合理的理由。而做好一款八珍糯米飯，需要多味甜食互助，搭配合理，才能襯托出甜糯米飯，使其更高端。

説菜餚的事，附上烹飪方法。{ 見 >> P264 獨門食譜 }

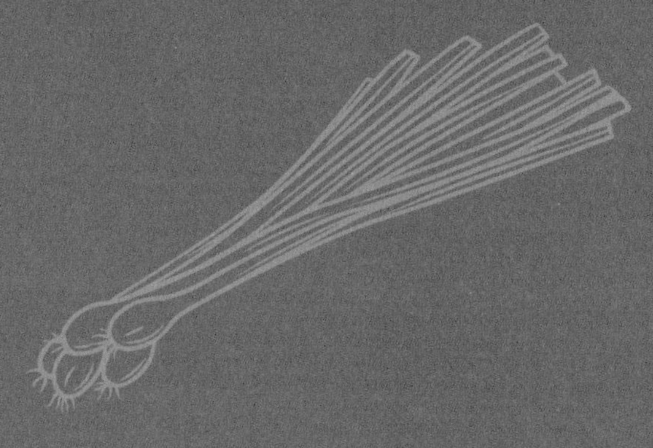

02

舌尖上的田園主義

田園風味

少年讀書的時候，家裏窮，我白天要去上課，晚上還需要到附近的農田裏“掠水雞”（抓青蛙）。第二天一早拿到共和市場去賣點錢，補貼家用。

一次我到牛田洋掠水雞，由於蓄電池出現接駁上的問題，影響到照明，當時又急於趕回家，我便在牛田洋堤壩快速往回跑，突然聽到一聲：“站住！”哦，是牛田洋部隊哨兵。我不想理會他，繼續奔跑。哨兵又一聲：“站住！口令。”我隨後一聲“抓水雞的”。哨兵大吼一聲：“不站住，我要開槍了。”我趕緊停下了，連連說“別開槍、別開槍”，緊接道歉並補上一聲聲“對不起”，真的嚇出了一身冷汗。過後我思量著可能是口令對不上，是他們改了，也沒通知。“抓水雞 " 的暗號對錯了，那一夜差點出事，哈哈！因為“抓水雞”不是軍事口令。

提起這個故事，只是想説明當年絕大部分的生態環境都是沒被污染的。那時候田園裏的水雞、鱔魚、甲魚、土溜魚及其他生物比比皆是，到處都有。如果用來做菜，都是可口的田園風味，這在潮菜的記錄中隨時都能看到。

“掠水雞”來賣，也説明當時水雞在市場上佔有一定份額。是

炸佛手水雞

的，單純用水雞便能做出許多潮菜菜品，諸如油泡水雞、紅炆水雞、水雞煮豆腐、炸佛手水雞、水雞煮粥、水雞冬瓜盅等。

有必要介紹炸佛手水雞這個菜餚的做法，以便讓更多人知道，以免失傳。{ 見 >> P266 獨門食譜 }

除水雞外，甲魚（鱉）、鱔魚、土溜魚、塘鯴、田螺、沙蜆等都是田園風味絕佳食材，在歷代廚師的巧烹下，做成了一道道風味獨特的地方菜餚。難怪很多外地人吃過潮菜，乃至潮汕家常菜都會大呼好吃。

“潮州佳餚甲天下”，這是時任國家副主席王震品嚐過潮菜後，對潮菜的最高評價。潮菜有什麼特點？大家通常會異口同聲表示：以尚烹海鮮見長，鮮而不腥，肥而不膩，等等。而我則會從另外一個角度來談潮菜的特點。

小小的潮汕地區，能把菜餚做到讓國人刮目相看，這裏麵包含著天時、地利、人和，這才是最大的特點。潮汕平原大地除了漫長的海岸線之外，還有著錯綜複雜的河流、溝渠、池塘，水源充足，土地肥沃。在陽光充足，氣候宜人的環境下，適宜一切動植物的生長。得

雞蓉太極羹

天獨厚的環境又有豐富的自然資源，這就給潮菜烹調提供了海洋文化之外的田園和池塘文化。海洋資源和田園資源提供了各自的風味食材，這才能更好地體現潮菜之特點。

説到田園風味，我認為應該具體到“田園”二字。潮汕地區人多地少，潮汕人通過勤勞付出，在自己的三分地上精耕細作，硬生生在有限的田園裏做到豐衣足食，又把田園裏的一切食材，做成風味潮菜。

“水雞跳，腳魚仔，鱔魚土溜煮一鼎。”一句順口溜，讓我們知道怎樣借用這些活蹦亂跳的普通食材，烹出若干潮味，同時更明白怎樣做好種植在田園的瓜果蔬菜。結合自己的一些經驗，我將瓜果蔬菜能做到的菜名羅列如下，方便大家記住田園風味的味趣。

冰鎮蜜餞金瓜、南瓜芋頭煲、金瓜芋泥、香煎金瓜烙、元貝金瓜羹、反沙芋塊、松魚頭煮芋、白果芋泥、香芋絲捲煎、紅燒大白菜、繡球白菜、玉枕白菜、蟹肉扒白菜、護國素菜、雞蓉太極羹、王瓜炒蝦、王瓜芝麻魚肚、釀百花王瓜、苦瓜排骨煲、苦瓜羹、燜釀苦瓜、苦瓜扣肚肉、什錦冬瓜盅、冬瓜扣明蝦……

春之蔬

很多潮汕人都聽過“吃蒜吐力茄”這句話，明白或者不明白此話中的意思，今天暫且不提。而這些年，力茄（蕎菜）作為另類的蔬菜，屢屢被提及。

蕎菜、香椿芽、春筍芽、苦刺心都是春季的蔬菜。清明節後是芽葉成長期，清明節後是葉與莖的成熟期。這也符合大自然的規律，不然怎麼會有一句話叫“春芽、夏瓜、秋果、冬根”呢？

一些飲食文人描述能力很強，會把關於“力茄”的前世今生說出來，一是能辨識，二是能描述，三是能說出多樣烹製方法，讓我由衷欽佩。春季蔬菜之蕎菜、香椿芽、春筍芽、苦刺心如果真的消失了，饞嘴如你我他，將何處尋得一味？想一下，唯有憂傷。

每年清明節，都是中國人的祭祖日，紀念祖先嘛，大家都有份。我們也不例外，清明節一到，各家人員一定要到家鄉普寧縣下架山蛟池村南門去。我們鍾氏家族每次都是幾十人以上的大集結。除了必要的祭祖行為之外，家鄉的親朋好友們都會做好一切準備，特別是吃食方面，方便大家祭拜祖先後，能相聚暢談，分享各自在外地的工作、學習情況。家鄉的叔輩嬸姆和堂兄弟們都會把清明節中午這一餐，作為難得的聚餐，因而在安排上特別隆重。

在安排聚餐菜式上，堂兄弟鍾飛雄與鍾映明絕對是主角。他們每年都會在雞、鵝、鴨及豬肉、肉餅之間輪迴變化著。家鄉的炸薯粉豆乾、炒鹹麵線、五花肉炒力茄（蕎萊）則是必須有的，而且永遠不變。

普寧人喜歡炸薯粉豆乾、炒鹹麵線。特別是豆乾被炸得皮脆肉嫩，蘸上韭菜鹽水，去火增味，一邊燙著嘴角一邊説好吃。唯一欠缺的是水質改變，原山泉水的甘甜失去了。炒鹹麵線，投入豆芽韭菜，先行炒熟，後回鍋再炒，那種淡鹹的粗麥麵感覺，吸引著你吃了一碗又一碗，這就是家鄉的味道。

最為感動的是每年有一味五花肉炒力茄——薄薄的五花肉在鼎中煸炒出油，然後把洗得乾淨的力茄頭放入，調點魚露和味精，隨即氣息滿滿。能留住這一口味的，應該是鍾祥興先生，我們的叔輩。每

近似青蔥的力茄

長滿嫩刺味道微甘的苦刺心

五花肉炒力茄

年他都會提前種一些力茄，而且在清明節這一天的早上把力茄拔出來，拿回家清洗乾淨後，交給廚房，年年如是，成了一條約定俗成的規定。

力茄與香椿芽、春筍芽、苦刺心、野蕨菜等一直都處於蔬菜的邊緣，都是蔬菜類小配角，正面演出的機會相對比較少。力茄是潮汕人的叫法，細心觀察力茄，它的身段近似青蔥，頭部近似蒜仔，但它既不是青蔥又不是蒜仔，感覺是介乎青蔥與蒜仔的中間。力茄在成長後，它的根頭部飽滿呈白色。潮汕人還會用它去醃製糖醋，裝成小罐罐，列為雜鹹類。醃製的力茄清脆酸甜，入嘴醒神，細嚼無渣，因此一直受到歡迎。

說說橄欖

1996 年 8 月的某一天，時任汕頭中行行長的廖訓民先生約我們汕頭市的幾位朋友，到他的家鄉潮州文祠鎮去遊玩。

清晰地記得最好吃的是一碗本地野生甲魚熬薏米湯，柔糯滑口的薏米是那桌菜的最大亮點。儘管還有薄荷葉炸豆乾、燜山豬肉、炒雞腸之類等美味，但是留下深刻印象的還是它。

應該說，這是我入廚界幾十年來從未曾烹製過的最好的一碗豬腳薏米湯，以致此後一遇見廖訓民先生，便討要當年的薏米。而廖訓民先生及其他的家鄉人，也因為我要討取當年的薏米，一直在尋找此薏米。

文祠鎮與意溪鎮埔東村交界，離歸湖鎮不遠。文祠鎮與歸湖鎮都是農林業鄉鎮，這裏山多，林果樹業多，盛產的水果主要是橄欖、楊梅、枇杷、龍眼、黃皮、香黃瓜等，所以橄欖糝•及橄欖製品一直是文祠鎮和歸湖鎮的驕傲。

十多年前，香港朋友李楠先生致電於我，替林堅先生詢問橄欖

• 以青橄欖為主要原料，切碎後加入鹽、南薑麩等調味料醃製而成，在本書第六章有更詳細說明。

橄欖果

糝煮魚應該怎麼煮才能得到原來的味道。他說，離開家鄉久了，總是找不到家鄉的味道，特別是小時候在家鄉吃的橄欖糝煮魚，特別懷念，但是無論如何烹煮，都找不到古早的味道。

哎！有意思，橄欖糝煮魚，我的頭腦裏非常迅速地聯想到柯裕鎮師傅。他曾經送過我一罐陳年的橄欖糝，並告訴我，沖水喝能消除食膩和化痰止咳，並說在潮州市的文祠鎮、歸湖鎮等一帶，它常用於煮菜，特別是煮溪中鮮魚，氣味獨特，是難得的一味鄉村風味。同時也提醒我煮溪魚的時候，不要亂添其他湯水或食材，以免亂了它的味道。

本著此法，我斷定林堅先生是煮魚的時候放了其他的湯水或佐料。果然，通過我的分享，他終於如願以償吃到了家鄉的古早味道。

潮汕人有一句話，“肚困番薯膠膠，肚飽鵝肉柴柴”，道出人飢餓時，對任何一種飲食都具有好的印象。宋帝南逃潮州時，在飢渴難

橄欖糝是放在石臼裏和著南薑麩捶打出來的

耐的情況下，番薯葉都覺得美味十足。

言歸正傳，橄欖糝煮魚應該注意哪些方面呢？首先，煮魚的橄欖糝未必是陳年醃製的，我覺得醃製後不要存放太久，這樣南薑麩的味道未曾流失，微辣竄腔的氣息尚存即可。其次，魚也很關鍵，無論是魚的選擇還是煮魚的過程都有講究。以下是兩點要注意的：

一是韓江溪魚一定要新鮮，而且魚身不能太厚或圓身，否則會影響橄欖糝對魚肉的滲透入味。如果沒有溪魚，選擇海魚也同樣要薄身且新鮮。

二是煮魚的時候用清水，這是最關鍵的一個環節，不能亂加豬肉湯或者亂加入豬勝之類，更不能用上湯去煮，這樣才能保持橄欖糝的特殊氣味，否則會適得其反。

近幾年來，從別人對我的稱呼變換中，我發覺自己的年齡漸漸被疊高了。有時候非常討厭這種年齡的疊加法，只有增加不見減少，癡心妄想年齡做減法。

尋找兒時記憶和一些味道記憶的欲望更加強烈了（大家都說上

老橄欖糝煮溪魚

了年紀的人都有這種現象），於是我選擇走出去，從周邊的城鄉開始轉轉。由此，我時不時與司機鄭健生先生開車前往潮州市的一些鄉鎮，意溪鎮和文祠鎮是我們最經常去的地方。

居住在汕頭的人都記得潮州市文祠鎮和歸湖鎮有一款青橄欖叫“火麩[illegible]”，橄欖皮表面上略帶黃色，入口先是小酸澀，通過慢慢咬嚼，漸漸產生香氣，雖然還略帶些口渣。當把口中的渣吐掉後，瞬間喉嚨那種新鮮如甘的味汁即刻回湧，回甘的舒服感難以形容。

為什麼把青橄欖叫作“火麩焗”，我至今弄不明白。小時候聽上輩人說，“蘸火麩橄欖非常芳（即香）”，我一直半信半疑，卻不敢嘗試。流逝的歲月讓我成熟，也讓我漸漸地領悟了。原來青橄欖從山裏的樹上摘下來，帶有一些油脂和塵埃，它們相互黏緊凝固，這時候

熬煮橄欖菜

入嘴一定感到非常澀口。上輩們發明了用柴草燒後的草木灰去擦洗，把青橄欖外皮的油脂塵埃抹洗去除，青橄欖於是沒了澀味，香氣也便突顯了。因為很多人不理解，錯把它當成蘸“火麩”去吃，才留下“橄欖蘸火麩，食正芳”的典故。

橄欖究竟有多少品種，能烹製多少品味款式，我至今弄不清楚。潮陽金灶的三棱橄欖未盛行的時候，吃青橄欖的人還是極少數，大部分青橄欖還是作為蜜餞果子出現的。

特別是二十世紀六十至八十年代，汕頭市果子廠加工出品過一款冰糖蜜浸橄欖，它刨去外皮又挖去心核，入嘴酥脆清甜，讓很多人至今難以忘懷。汕頭市的街頭巷尾，貿易市場的外圍，還曾經出現過芝麻南薑麩香甜橄欖。它的製作方法很獨特，青橄欖要洗淨，用一支雙面木製的夾板，把青橄欖放入板中間，然後雙手用力一夾，青橄欖即刻碎裂開來。拌上南薑麩、炒熟的芝麻和白砂糖，再淋上麥芽糖，放上香芫荽攪拌一下，進行醃製，甘甜的味道特誘人。

用青橄欖加上芫荽頭，再放幾粒杏仁燉豬肺，也是一味藥膳好湯。螺頭燉橄欖也是一味非青橄欖不能做的湯菜，換成其他食材是得不到青果酸澀口味的奇妙感覺的。

不得不提的是橄欖菜，很多人都會誤以為它是用烏欖去烹製的。其實，傳統的橄欖菜是採用青橄欖、鹹菜尾葉、花生油、海鹽組成的，主要是通過適當火候的熬煮、提煉，在這一過程中讓它自然變黑，故而才稱烏橄欖菜。

八寶素菜

潮菜名師朱彪初師傅在解讀名菜“紅燒大白菜”時，曾經説過此菜餚“既素不素，既葷不葷”，其操作難度不亞於任何菜餚。他又説起傳統菜餚“八寶素菜”也是屬於這種“既素不素，既葷不葷”的名菜，難度也大，且還有一些故事傳説。

相傳清代潮州府城開元寺想舉辦齋菜比賽，邀請了各方寺廟的廚手參與。意溪別峰寺的廚手想用多味素菜來烹製一款齋菜。但想要奪取頭名還有一定難度，皆因潮州府城盡是名師名廚，高手雲集。

這名廚手非常聰明，他想借用雞湯、肉汁的介入，提高出品味道。於是他事先準備好老雞、排骨、瘦肉，燉出一缽好肉湯汁，又用毛巾吸附湯汁，悄然帶到參賽現場。在烹製的過程中讓湯汁滲透到多樣素菜中去。其菜品有了不一樣的味道，得到大家的高度讚賞，獲得頭名。因這道素菜取材一共八樣，後來的人將其命名為“八寶素菜”。自此，“八寶素菜”便留傳下來。{ 見 >> P265 獨門食譜 }

儘管在後來，別峰寺的廚師受到質疑和批評，也引起了此後對齋、素的嚴格界定，但他卻開創了素菜葷做的先河，此後的潮州菜中便經常出現八寶素菜，也衍生了更多類似的菜餚。

八寶素菜

在我的飲食生涯中，特別要提到潮菜名廚，潮州意溪鎮人士柯裕鎮師傅。柯裕鎮師傅也特別喜歡安排“八寶素菜”作為宴席上的出品菜餚。在炆煮過程中，他對葷菜和素菜有自己深刻的理解，在蓋料上做足功夫，以至於大家曾一度懷疑他是烹製“八寶素菜”的後人。

“惜菜”

“惜菜”，按照潮汕人的地方語言文字來解讀，“惜”字在潮汕烹調術語中有著多次反覆烹煮的意思，我請教了多位美食愛好者，想了解真正的寫法，然而都找不到，只能暫時選擇這個“惜”字來代替。

“惜菜”是由一種蔬菜（芥藍或春菜）經過多次多天反覆翻煮而成的，是具有獨特風味的家庭菜餚。每當家庭需要煮來吃的時候，家庭主婦會根據需要舀出一定分量，再用油脂和鹽或魚露把它調和好。

“惜菜”最大的特點是菜煮爛了，煮得相當爛。雖然沒有剛採摘回來蔬菜的新鮮氣息，卻有一股經過反覆翻煮的濃香且厚重的蔬菜味道。在細嚼慢嚥之下，竟然也是一種難以言明的純樸享受，挺舒服。

在過去的潮陽縣、普寧縣、惠來縣等鄉村裏，都有這種“惜菜”存在，這幾乎是家家必有的菜餚。他們認為最大的好處是每天都能隨時煮來送飯配粥。特別有意思的是這些農村家庭喜歡煮一大鍋稠粥，叫“gè 頭粥”，認為用它來搭配“惜菜”最佳。

我在探索中，了解到“惜菜”產生的原因。它主要應該和農戶的種植、收穫、銷售有一定關係。潮陽、普寧、惠來等鄉村家庭都有自家種植蔬菜的習慣，在收穫時會拿一部分到圩市去賣，一部分留給自己食用。如果買賣渠道不暢，產量過剩，便會影響蔬菜質量。很多

惜菜

農村家庭因怕蔬菜的成長期過了，造成浪費，便把剩餘的蔬菜收割後拿回家熬煮。煮好的蔬菜一天是吃不完的，為了不讓煮好的蔬菜變酸變質，每天都必須翻煮著。就這樣，天天翻煮的蔬菜變得又爛又老，就成為“惜菜”了。

熬煮“惜菜”有兩個方面值得注意：第一方面是蔬菜的品種主要是春菜和芥藍菜。第二方面是不宜先加入油脂、鹽或者魚露，提前加入油脂會產生其他味道，提前加入鹽或魚露會讓菜餚變韌。正確的吃法是準備食用的時候才調入油脂和調料。

目前，“惜菜”這種潮汕風味菜餚已經被漸漸遺忘了，只是偶爾有些懷舊的人提出要吃“惜菜”。現時一些酒家食肆所熬煮出來的“惜菜”，也不是當年“惜菜”的做法和味道，沒有經過多天反覆翻煮的感覺，失去了存在感。

“惜菜”這種潮汕風味菜餚肯定會被遺忘。可惜嗎？這是眾鄉村家庭生活長期積累的一種飲食文化，突然消失了，真的有點可惜。説不可惜嗎？這是過去無奈的生活留下來的現象，若論蔬菜的吃法，新鮮蔬菜總比老化的蔬菜好吃，而且營養成分更豐富。所以説一説而已，留點記憶。

潮味甜食

當溫度計從 100℃下降至 90–95℃的位置，原大華飯店林昌恭副主任説了一聲：“可以沖了！”隨著一聲吆喝，豆製品師傅郭創茂先生把一桶煮熟的豆漿抱起後，又從另外一隻桶的邊沿上沖了下去。漿水順桶邊而下，又向另一桶邊翻滾起來，把桶底的食用石膏粉水徹底攪拌、糅合在一起，瞬間凝固了。

這是二十世紀七十年代中期，餐飲行業推廣和普及華羅庚優選法的一個場面。師傅們長年累月的經驗積累定格在一支探熱溫度計上。

説那麼多幹嘛？不就是一桶豆腐花嗎？是的，一碗柔滑且帶砂糖口感的豆腐花，是人們日常生活中的甜食品種之一。

郭創茂師傅沖製的豆腐花是一流的，在沖漿完成後呈現出淡黃色的肉質，用銅製豆花刀輕舀上一下，豆腐花在刀面上輕輕搖晃著，富有彈性，撒上粉末狀的細紅糖粉，入口那種無限的意念油然而生。幼滑而甜，燙口又熱，具有降火功效的豆腐花真是潮汕地區特色甜食之一。

事實上，潮菜體系中的甜食品種有幾個不同方向在經營。

一是以買賣甜湯為主（包括豆腐花在內），有店面經營的甜湯。

郭創茂師傅沖製的豆腐花

綠豆爽清心丸

蓮葉紅糖水東京丸

在過去，城市的食肆會分出一些甜湯店，經營各式的甜湯，如清甜蓮子、清心甜丸、清甜百合、清甜綠豆爽、甜牛奶、甜豆漿、甜糯米丸、甜薏米湯、甜芡實，甚至連麵條都做成甜湯麵條，又從甜湯麵條上升到芝麻甜乾麵，這在當時是一大亮點。我更喜歡一味潮味甜品"蓮葉紅糖水東京丸"●。

● 東京丸是潮汕特產之一，是用東京薯（學名叫竹芋，也叫冬筍薯或冬粉薯）製成的。東京薯外形像竹筍和芋頭，裏面是澱粉質。曬好的乾粉放進布袋裏不停晃動，就能搖出一粒粒形狀似西米但比西米還要小的東京丸。

二是酒樓食肆做菜上需要搭配的甜菜餚。不管是在潮汕酒樓食肆，還是在家庭請客，菜餚到最後時都會安排一些甜品。炣燒番薯芋、金瓜芋泥、芋泥油粿、薄蔥餅、落湯錢、反沙朥肪酥、馬蹄泥、鴨母捻、炣燒薑薯、煎糯米麻錢、八珍糯米飯，這些品種是潮汕酒席上的常客，更能體現出整席菜品的完美性，特別是頭尾甜，體現了潮菜喜酒席的文化。

三是以餅食為主兼有茶配糖點之類。餅食店日常經營的餅食和糖點茶配主要是作為手信送禮，品種以潮式月餅、腐乳餅、杏仁酥、南乳捲、豆條、束砂、芝麻酥、蘭花根、蛋爽等為主，這種甜食以質量保證，攜帶方便，是送禮的絕佳手信。

最後，還是找一味芝麻甜乾撈麵的做法來完成此次甜食的介紹吧。{ 見 >> P266 獨門食譜 }

芝麻甜乾麵

青團

在二十世紀六七十年代，我們要經常“憶苦思甜”，不忘過去的艱苦生活。

學校、廠礦、企業等單位會選擇一些纖維粗糙的野菜配搭豆腐渣一起熬煮，不加任何油脂和鹽巴。每人一份，吃完後還要寫一篇受到教育的文章。

這種粗纖維野菜煮豆渣真的是難以入喉，除了乾巴巴的感覺外，還青澀無味，根本沒什麼營養價值。這就是我當年對野菜的深刻印象。正因為如此，在物資特別匱乏的年代，一切浪費油脂的野菜、野草，都會被棄用。在大潮汕地區，還有一些類似的蔬菜如厚合菜（莙薘菜）、野莧菜、麻葉、地瓜葉等，都是因費油脂，被視為半野之菜。

我的朋友劉湘清是上海人，每逢到上海休假，他總會帶上幾包急凍野生薺菜回汕頭市，而且時不時會拿一包送給我，説包餃子特別好吃。怎麼包？他特別交代要多加入一些肥膘肉，加多一點油肥。

除了多加點肥豬肉之外，我還多加了一點鮮蝦膠，調入味精、魚露、麻油、胡椒粉，加入適量水分讓其餡料更含汁。在其肥膩的口感的襯托下，煮熟後有著清新的野菜香味。這是我嘗到的用江浙一帶

厚合菜

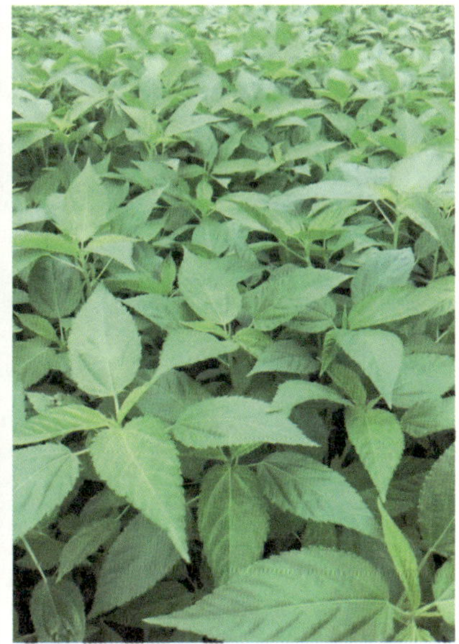
麻葉

薺菜做的餃子。

我從廚後逐漸認識的野菜和野草，應該各地都有。如薺菜、香椿、艾草、鼠殼草、苦刺心、益母草、珍珠花菜、枸杞菜等。這些草菜都是在邊緣的田園埂地上生長，如果處理得當，其葉、其心可當菜用，其枝梗可熬湯當藥用，有一定的食用和藥用價值。

過去，這些所謂的野菜很少被人們選為食用，主要是它的營養價值極低，而且口感苦澀，骨葉上的纖維粗糙。想達到入口的標準，需要加入一些肉食材，特別要多一些油脂。過去的生活條件普遍低下，加上人們對野菜認識上也不充分，所以多數人是放棄食用的。

二十四節氣中的清明，人們都必須回家鄉祭祖。這季節也非常

艾草

鼠殼草

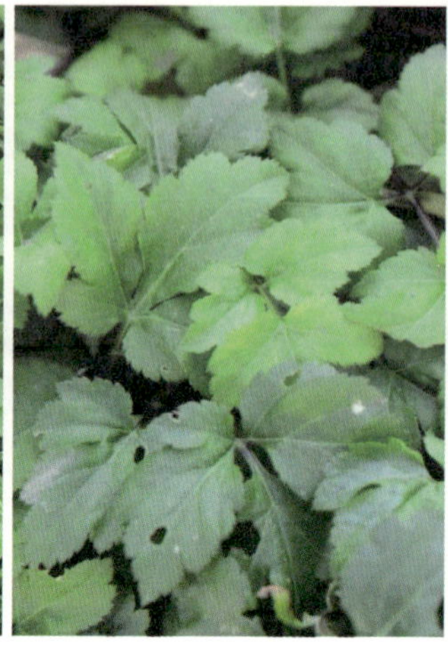
珍珠花菜

適合外出踏青，感受萬物復甦，吸納大自然的清鮮空氣。一些植物也復甦發芽了，在陽光雨露的滋潤下蓬勃成長，艾草更是搶佔得先機。

不知什麼時候開始，人們一直當成藥用的艾草，竟然被廚師們烹製成一款款食品，隆重登場。尤其是那一款糯米糍粑，稱之為“青團”，廣受歡迎。據了解，上海市許多酒樓食肆和酒店的點心師傅，在這個季節都會提取艾草的嫩葉，切幼切細或取汁加入糯米粉，混合在一起。通過揉、挪、搓、捏，再包上各自所需的餡料，取名“青團”糯米糍粑。

艾草糯米糍粑，具有消食、開胃、清膩和去濕益氣等功效。其作用被大家認識了，人們不僅爭相購買，還爭相模仿出品，取名“青團”的糯米糍粑聲名鵲起，一時間把艾草這種野之又野的野菜推至高價。

老百姓喜歡跟風，一旦跟風了，非要拚得你死我活。跟風生產食品，跟風出國購物……既然艾草能做成食品，各地多有艾草，理所當然地也就跟著“青團”的風了。眾商家蜂擁而上，一時“青團”滿城遍地。

你做我也做，而且各有特色。汕頭市平平居的主人吳平遠先生就是把“青團”糯米糍粑做得另有一番風味的人，他利用核桃做成餡料來搭配青團，感覺上更是完美。

我與吳平遠師傅素有來往，略知一些手法，跟風未必是他的性格，所以做青團更多的是他對美食的追求，當然，這也符合市場規律。歷年來吳平遠先生都會生產很多粿類產品，如鼠殼粿、朴籽粿等。

鼠殼粿

鼠殼粿也是採用像艾草一樣生長的植物鼠殼草為原料，每年農曆的三、四月是該原料的採摘期。鼠殼草通過採摘、清洗、選擇心葉，再進行熬煮去掉澀味。又通過捶、拍、揉、搓、挑等手法形成了鼠殼泥，再用鼠殼泥與糯米粉混合成粿坯，包上芝麻糖或者花生豆仁糖餡料，用潮式粿模印成桃粿形，放入蒸籠蒸熟，這就是潮汕特色鼠殼粿。

鼠殼草味甘，能去痰止咳；艾草能散氣去濕，消食和胃；香椿更具有清熱利濕、驅蟲利尿的功效；苦刺心也有一定去火散熱的藥效。

這些野菜、野草一旦被開發，成品菜餚便不止一二味了。煎蛋、包餃、煮湯等品味體現了人們在嘗鮮上的層出不窮。從藥用轉換到食用是一種跨越，舊時候因生活的欠缺，有很多好味道的植物被定為野草、野菜，想想也真的有點可惜。

民俗的事與食

在大潮汕地區，春節過後就陸續過鄉節了，特別是元宵節前後，各鄉鎮的村落就開始“營老爺”（遊神）。潮汕人稱之為“鄉里鬧熱”。

潮汕地區一些鄉村的賽大豬場景

潮汕春盛

“營”是巡遊的意思，至於“老爺”是什麼人，我沒有研究過，至今都弄不清楚。問過好些人，都得不到正面回答，只是說各鄉里的“老爺”不同，他們舉行的活動方式就不同。

壯雄兄弟在鹽灶營老爺的這一天，邀請我到他們家鄉去吃鵝肉，於是我帶著“老爺是什麼人”的疑問走進了鹽灶。

雖未全場參與和觀看，但局部的場面已經非常壯觀了。鄉鎮廣場人頭湧動，煙花爆竹聲震耳欲聾。人群從四鄉六裏擁入搶拖老爺的集中地，等待時辰的到來。

當晚，有很多人發來拖老爺的視頻，一看就非常震撼，帶有野性、暴力的搶奪場面，讓我覺得不可思議。

“老爺”不高大，但絕對是用柴做的（民間有“柴頭老爺”的叫法），要不然怎能忍受如此搶奪？抬老爺的人和拖老爺的人都說，搶得到者或者拖住了的人，今年會有好運氣。大家都抱著這種信念，不可避免的搏擊場面就出現了。

“老爺”在潮汕民間的傳説太多，澄海鹽灶的“老爺”故事更是特別，這種拖老爺的故事就讓文人墨客一直寫不完。

這柴頭老爺坐在轎椅上，任由各路人士搬弄都不吭聲，最後好與壞都由他人去説，卻享受了人們的食物供品和香火跪拜。從澄海鹽灶回來後，我一直思考與營老爺有關的事。可不可以這樣説：營老爺是由過去的某些迷信活動逐步演變成為今天的民風民俗，它們都有一個明顯的共同特點——凝聚鄉情。只要是鄉村的事，一切信仰都必須服從鄉規和民俗，這是不能違背的原則。

有一種説法，説早年能擁有西方宗教文化的地方，都是比較貧窮落後的地方。原澄海鹽鴻鎮據説在潮汕地區是最早擁有天主教堂的。我們一走進巷道，就見到了天主教堂聳立在鄉里，明顯就能看出那個年代的宗教烙印。

如今多條道路通往鹽鴻鎮，交通方便。以農業及漁業為主導的鹽鴻鎮，除了農耕作物有傑出發揮之外，近年來在飲食上也做足功夫，開發了更多品種，特別是魚飯，大蠔和薄殼，薄殼米●的延伸……

壯雄兄弟是鹽鴻人，經營著一家以薄殼米為主的飲食攤檔，熱情待客和盡心勤力是其經營手段，讓他們的生意一直處於良好的發展勢頭，同時也結交了很多朋友。

● 薄殼經去殼加工後的薄殼肉，因顆粒細小如米而得名。

潮汕地區的鄉宴場景

壯雄兄弟出品的菜餚中規中矩，符合特色農家樂的標準。從飲食的角度去判斷，除了適季的薄殼米之外，他們養的薄殼米雞也是一道不錯的風味菜餚。雞肉丸、薄殼米桃粿等都屬於菜餚中的佼佼者。

密集的鞭炮聲此起彼伏，這種撞胸震耳的巨響是城市難以聽到的。年輕人容易衝動，這種聲音會讓你興奮，血脈僨張。營老爺的腳步聲隨著時間的推移，漸漸近了。我與朋友們都是上了歲數的人，不可能與年輕人一樣揮草繩，混入人群熱鬧一番。吃了鵝肉，喝了好茶，遊神廣場上走了一圈後我們便回來了。路上，老爺是什麼人還一直在探討中。大家一致認為叫什麼名字、冠什麼番號都無所謂了，但他們一定是為民間做過一些有益的事，為人們所敬仰的。或者是能讓人們覺得有某些精神寄託，便產生了倚靠，祈求平安福康。

壯雄兄弟是天主教徒，積極參與家鄉的營老爺活動，讓我摸不著頭腦。同行的黃曉雄先生解釋説，潮汕人是很有鄉土情結的，像“鄉里鬧熱”這種活動，家鄉人一般會主動參與，甚至很樂意參與，要不然別人也會對他們有看法。何況這種民俗活動早已遠離了迷信色彩，人們更多地把它當作一項民俗嘉年華活動，可以跟具體信仰無關。

一席話解開了我心中的疑惑。如果倒退三十年，我一定也會擼起袖子參與“老爺”的搶奪，你信嗎？

無肉不歡狂想曲

豬肉烹製

腦中來回檢索多少次，梳理了許多往事，特別是大國營年代，計劃經濟的秩序讓一些食材受到產量上的限制，因而潮菜烹藝在特定的年代出現了特定的菜餚。

一頭豬能烹製出多少味菜餚？一塊肉能烹製出多少種味道？好像從未有人認真計算過。

近期為了拍攝一些正在流失的潮菜照片，我經常一早到菜市場去。站在魚販前，站在雞鴨攤前，站在豬肉攤前，駐足觀看。特別是豬肉攤，案板上放滿鮮豬肉、排骨、豬頭皮和內臟等，看著賣肉者利索的刀功，或砍腿，或剁骨，或切肉，我思緒萬千。

家庭主婦最喜歡的是到菜市場切一條五花肚肉，到家裏改成小塊，放入鼎中煎出豬油花，把豬油盛起來炒青菜，出油後的肚肉再用醬油煮成豉油豬肉，加入雞蛋或豆乾，煮成一缽，成為送酒送飯的家庭常見菜餚，一肉兩用。

年節一到，祭拜祖先或者神明，潮汕人就喜歡用三牲去做供品。除了雞、鴨之外，免不了的是豬頭皮，它們稱為三牲。當祭拜節日完事後，豬頭皮用刀切成肉片，蘸點著蒜泥醋，飽腮滿腔的肉香味，讓你絕對不會後悔。

滷豬手

我與蔡培龍先生在大華飯店工作時，因為肚餓和饞嘴，硬生生地把白水煮熟的整個豬頭皮切成薄片，蘸著魚露吃了。事後挨廚房班長一頓批評，現在想想也可笑。

二十世紀六七十年代，有太多的事讓我不能忘。飲食人只關心飲食之事，時代給你的是局限性的食材供給，讓你為他人辦酒席時，在選材上首先會考慮到豬肉。

印象特別深的是芙蓉炸肉。因為每一張菜單都會以豬肉作為首選出品，而首選一定是芙蓉炸肉、佛手排骨、酸甜咕嚕肉、乾炸肝花等，然後才會用到其他食材。關於芙蓉炸肉曾經有過小爭論，很多師傅都會把它看作炸玻璃酥肉。其實芙蓉炸肉與玻璃酥肉不外乎就是肉的外面掛著什麼糊漿去炸，更重要的是玻璃酥肉有一個玻璃糊汁（用於掛糊的透明酥脆漿）。

羅榮元師傅曾經説過，掛脆漿的酥肉會更酥脆，配點甜醬更完美。如果用玻璃糊汁淋在上面或托在底盤，都對其酥脆有影響，不如直接做芙蓉炸肉上席更好。我一直記著它。如今突生靈感，想用一隻豬的肉來做烹飪分析，先把它分配為幾個組合，再讓肉在多條件的誘惑下散發出多種味道，還原一些失去的烹製法。

一、豬頭，取肉連帶舌部在潮汕地區被稱為豬頭皮，適宜於白滷煮頭皮和醬油滷頭皮，廣泛用在食堂、大眾餐廳和市場的滷味檔。

最有趣的是在標準餐室，前輩廚師魏坤先生用刹刀把豬頭骨對開後取出腦髓，挑去血筋撒上鹽巴，放入蒸籠炊 10 分鐘取出，晾乾後改塊撒上麵粉，再蘸著雞蛋液去炸，然後加入其他食材，通過炆煮，居然成為一道菜餚，取名結玉腦。而豬頭腦骨則放入大鍋內熬湯，熬煮到一定時間，大家都會爭著去撈豬骨頭，取出嘴巴內的牙齦肉，蘸點魚露，送進自己的嘴巴，其美妙的感受唯有自己知曉。

二、豬脖子肉至下面連前腿肉部分，潮汕人稱之為脖子肉和前腿瘦肉。脖子肉部分其實應稱為豬頸肉，因白肉與瘦肉相交，人們又習慣稱它為雪花肉，此肉在潮汕最適宜焯湯、泡麵、炒肉片。江蘇一帶的獅子頭，特別是揚州的水煮獅子頭，為什麼讓人喜歡，就因為它是取雪花頸肉來烹製的，其肥瘦相間的比例加上巧妙摔打、滲水、調料，讓其含汁嫩滑，吃時能飽腮油嘴。

在潮汕，廚師用其來烹製成芙蓉炸肉、結玉炆肉等，當然是再好不過了。因為肉質的部分相對較嫩滑，纖維也不粗糙。

老菜脯焖豬尾

三、頸背上至後腿背上的白肉統稱為白膘肉，彈性強，香氣足，是煎成豬油的好料，膀粕渣還可煮成一碗可口的潮式膀粕粥。再者，用白糖醃製後的白膘肉是餅食的好添料，更是潮菜甜品膀肪酥的最佳選料。最關鍵的部位是肚肉與排骨相接的頂端，有一條瘦肉條，潮汕人稱之為肉目，切片切絲均是上料，是炒肉片、炒鹹菜肉絲的上品。

四、後腿肉大都是瘦肉，把一些黏邊的韌筋和肥肉去掉，絕對是槌打豬肉丸、肉餅的好肉料，而酸甜咕嚕肉的取料便數這黏邊的韌筋料最好。

羅榮元師傅說過，五香果肉的取肉料就是在這些邊料中利用完成的。同樣的，把這邊角料肉取出，用刀剁碎，加入鮮蝦仁、鰈魚末、蔥珠，調上味精、精鹽、胡椒粉、適量水分和濕粉水，便是潮式雲吞餃的好餡料。

五、五花肚肉，潮汕人稱為肚肉，這是一塊人見人愛的肉，特別是潮汕家庭，切刮一條肚肉，用幾粒海鹽抹一下讓其醃製入味，放入清水煮熟，晾乾後即可祭拜地主老爺等。祭拜完畢後切成小片塊，回鍋炒鹹菜、荷蘭豆，回味無窮。至於煮肉後的湯汁，煮上豆粉絲，撒上蔥花，美味可口。

先民蘇東坡先生用心研究烹調術，一邊為官一邊做菜，老百姓犒勞他的豬肉，他卻做成紅燒肉回贈，因而人們稱之為東坡肉。今大量的東坡肉都是用五花肚肉烹製的。

在潮菜的烹飪空間裏，芋頭扣肉、梅菜扣肉、甜綉紗肉，還有醬油滷肉的烹製，都離不開五花肚肉。

六、排骨，覆蓋在肚肉的兩邊，以自身強勁有力的支撐，保護內臟不受到傷害，其骨肉質有韌性也有筋道，因而煮出來後的味道極佳。家居最常見的是生炊排骨，有豉汁香、沙茶香或梅汁香，讓你看到它的多樣性。排骨熬湯，苦瓜的、蓮藕的比比皆是。

難能可貴的是潮菜中的炸佛手排骨，稱其為獅球排骨也形似神似，但我內心仍喜歡稱它為炸佛手排骨，它如把拳頭收緊的善善之心。含肉的一頭香氣飽滿，慢嚼之唇齒留香。

豬筒骨、匙骨和其他雜骨，雖然作用不大，但作為煮湯的食材，還是具有一定用途的，如煲蓮藕、煲蘿蔔等。

七、豬是非常親民的家畜，給人類供給肉食，但牠永遠無法抬頭看天，這是一個難解的題。

人們也怪，把豬的前腳稱為手，後腳才稱為腳，在腳往上接近

滷五花肉是粿汁的經典搭配

腿部的部分叫蹄膀，潮汕人稱之圓蹄，在潮菜中能做成紅燒圓蹄，而廣府人則把前腳做成白雲豬手、發財就手等。德國人最聰明，把圓蹄通過多種輔助材料醃製，烹製成鹹豬手，風行全球。

八、豬的內臟，烹製得好，妙不絕言。

早晨，潮汕各縣市的街頭巷尾，豬肝、豬肺加上豬頸肉，再搭上真珠花菜、益母草，便是一碗美味可口的湯菜。想充飢，換成粿條、麵條，意想不到的效果就會出現。

豬肝，切片來炒，過火了太硬，軟炒不到位，出血水，難為了廚手，最佩服的是潮菜中的乾炸肝花，解決了出血水和口感偏硬的難題。

滷豬腸

豬肚，家家戶戶都能烹得的胡椒粒燉豬肚，熟透時加點酸鹹菜，原湯原汁氣味沖天，熱胃暖身讓你難忘。如果把生豬肚尖取出，用刀修去帶皮帶肥部分，再用玉蘭花刀•切成花球狀，通過一段時間的浸泡，讓它自然膨脹，清脆無渣，口感極佳。

如果與豬腰子密切配合，形成雙脆，絕對是一盤佳餚，雙輝相映。當然，清炒肚尖片也是絕活。香港阿一鮑魚店的鮑魚是一絕，但炒肚尖片也值得誇獎，二十多年前我在阿一鮑魚店品嚐到炒肚尖片，至今不忘。

• 一種刀工，因切好的食材形似玉蘭花瓣而得名。

豬腰、豬心、豬肺、豬粉腸在外地是被人摒棄的，但在潮汕人眼中它們卻是美食，經過清洗、漂水、熬煮，絕對有意想不到的出品，比如杏仁燉心肺、橄欖燉豬肺都能起到藥食同療的效果。

內臟的重頭戲是豬腸，豬腸可分為大腸和小腸（也稱為葫蘆腸）。它有一種氣息讓你愛恨兩難。潮菜中忘不了的是滷大腸，醬油香的滷水浸透著大腸，讓其入味，切片改塊，在蒜泥醋的支持下，嚼勁無限，誰敢説不愛它，那此人一定是説假話。用滷大腸掛上薄漿，熱油猛炸，加點胡椒油，一盤脆漿炸大腸又閃亮登場。桂花釀大腸、豬腸脹糯米都是穿梭於酒席、民間攤檔間的美味。歷史的傳奇是味道能延續，而豬腸煲鹹菜，一道潮汕味極濃的菜餚也將會無限期蔓延下去，讓傳奇繼續。

九、忘了告訴你，大鼎豬血是潮味不滅的靈魂，貫穿於身上的熱血忽然靜止了，你理解了嗎？儘管有很多地方的人不吃，也有很多人不理解。

健康的生豬經過宰殺後，流出的血經過鹽水調和，凝成固體，通過蟹目水•慢慢浸煮，變成暗淡紅色的血塊，很有彈性。如果在早晨用其煮上一碗西洋菜，清鮮之味不比任何早餐差。這潮汕人怎麼弄的，連豬血都能烹得如此可口？

一頭豬能受到如此禮遇，説明了牠的能量。其實豬肉的烹製還有太多太多，而由此延伸肉製品的烹調法又有很多很多。可不是嗎？臘肉味、燒烤味……

• 水沸之前，水中連續上升的氣泡，狀似蟹眼。

真珠花菜苦刺湯搭配豬頸肉、豬血等

愛恨兩難的氣息

二十世紀七十年代之前，汕頭老市區民權路鹽埕頭和中山路交界的同益市場內有一些小擺攤仔。攤檔都很簡陋，幾隻小椅子和一個小煤爐，爐上面放著一個大生鐵鼎，鼎中煮了幾條豬腸脹糯米。鼎的上面一邊放一片小木板，用來切豬腸和放碟子與甜醬。

當有客人來，要上一碟，攤主會很快切好，淋上甜醬送上。這便是潮汕地區流傳得很廣泛的一種地方風味小吃——豬腸脹糯米。

它取材於豬腸中的葫蘆段，經過浸洗去掉黏液和異味，再把部分肥衣撕掉。洗淨的豬腸，一頭用鹹草繩紮緊，填入浸泡的糯米、豆仁、蝦米、香菇等料頭餡，加入一定的水分，通過灌腸方式注入豬腸內，再把另一頭紮緊。隨後把整條豬腸分一段後小紮，有如臘腸一樣，再放入鼎中浸煮。整個過程不宜大火，還要注意別脹爆，必要時用鋼針穿刺讓其透氣。

我的人生，做了半個世紀的飲食，關於豬腸，頭腦中一直思索著未解的幾個問題。豬腸的韌性為何這麼強？酒席上為何未見豬腸脹糯米的出現？豬腸的氣味怎麼就那麼衝？

經過長時間思考，覺得可以這樣解答：

一是豬腸擔負著排泄功能，也承擔著保護內臟安全的責任，所以它必須具有較強的韌性，才能讓排泄物不影響其他內臟器官。它應該與豬肚一樣是肚內的另一種皮，這便是韌性存在的理由。

二是街邊小吃出現在酒席本來就較少，再加上豬腸脹糯米是充飢型，飯團比較容易鬆散，用在酒席出品難度大，所以少用甚至不用比較合理。

三則豬腸洗太淨了，特殊的氣息便沒有了。有很多人認為“臭屎味”是豬腸洗不淨的表現，其實不然，豬腸是內皮，雖然與外皮有不同膠原質影響味道，但內皮的韌性讓你在慢嚼中更能竄出異樣的氣息，這是一種忘不了的味道。

潮汕人喜歡做小生意，尤其擅長飲食上的小生意，哪怕一點小吃攤仔，比如一攤仔泡粿條麵，一攤仔白粥、粿汁，一攤仔甜湯，

豬腸脹糯米

一擔豆花、草粿，都能做得有聲有色。潮汕人有一個“大大功夫是度生，小小生意會發家”的信條，小生意往往能做得讓大家刮目相看。

汕頭市早上的粿汁攤便是這種小飲食攤的典型代表，它遍及大街小巷。它不僅講究粿汁的粿是炊的還是煎的，更講究配套的滷味如何、香氣足否。而滷味上特別令人關注的還是那大小滷豬腸：它滷得軟爛嗎？滷得入味嗎？有咬勁嗎？這都跟潮汕人的喜好有關，當然，最重要的是豬腸上的氣息還在嗎？

汕頭長平路中段轉彎的大巷內，有一位中年男子，每天擺賣著他的粿汁攤，生意一直不錯。我也隔三岔五前往消費，究其原因還是喜歡他的滷豬腸，特別是那彎彎曲曲的小葫蘆腸，感覺上軟爛了卻帶著韌性的咬勁，讓你在慢嚼中緩緩品味那愛恨兩難的氣息。

既然寫豬腸了，我覺得應寫出豬腸在潮菜上的一些烹製做法，別只把它當作小餐飲角色，畢竟它在潮菜中也有傑出表現。

朱彪初師傅編寫過一本潮州菜菜譜，描述了一味炸大腸的原材料和操作過程，讓人們領略了豬腸在潮菜出品的另一面。豬大腸要滷香入味，然後開邊擺正，濕身拍粉，中溫油熱炸，嗆汁助氣，脆皮軟身，這便是氣息不滅的潮式炸大腸。

潮菜名師羅榮元師傅在處理“炸桂花大腸”的時候，又比炸大腸前進一步了。他利用直腸中段不緊不鬆的那一節，先行清洗乾淨。然後把蝦仁拍成蝦漿，調入其他食材配料，諸如豬肝、白肉、香菇、蓮子、栗子，攪拌成餡料，裝入豬直腸後，雙頭用鹹草繩紮緊，放入滷湯內入味滷製約 30 分鐘。隨之掛上脆漿，用熱油把桂花腸炸至外皮酥脆，用斜刀切後擺盤，淋上胡椒油即成。如果有條件，應自製糖醋吊瓜龍●或菜頭龍擺盤。

以上兩位師傅的豬腸作品，我認為朱彪初師傅的炸大腸猶如武林角色出場那般，有一種“氣沖霄漢”的氣場。而羅榮元師傅的“桂花炸大腸”卻是拳術上的花拳挑鋼槍一樣，好看有味道。

豬腸的品種還有很多，能勾起記憶的還有一道傳統菜餚“龍穿虎腹”，目前大部分酒樓食肆不做了，它面臨著失傳的可能。

這是一款利用烏耳鰻（白鱔）和豬大腸共同完成的潮菜名菜品。究其失傳的原因上，我認為有以下兩個方面：

一是烹製上比較煩瑣且價值不高。首先，單純清洗豬腸這一環節，便比較麻煩；其次，烏耳鰻裝入豬腸後還有滷製和熱炸、切配擺盤等環節。

二則是食材變化。特別是烏耳鰻，過去都是野生的，在裝入豬腸後滷製，烏耳鰻不易腐爛，口感上比較好。如今烏耳鰻大部分都是養殖的，魚肉容易爛，口感上較差，沒有以前的效果，所以被棄之。

還有一款家喻戶曉“豬腸煲鹹菜”在這裏不用多説了，還是豬腸與潮汕特有的酸鹹菜結合，產生出的氣息，讓人永遠銘記。我在想，很多時候傳統菜餚能傳承下來，更重要的是它存在於“氣息不滅，魂在味道”。味道永存在菜餚之中，它的氣息就永不滅。

● 黃瓜、蘿蔔改條狀，用刀反轉斜切讓其不斷，經糖醋醃製而成為連體的配菜品。

乾炸肝花

乾炸肝花這是一個非常優秀的傳統潮菜名菜餚，它解決了炒豬肝和焯豬肝容易出血水，滷豬肝口感又比較老、澀等問題。我認為，這是一味獨特的豬肝品種。{見 >> P267 獨門食譜}

如今，市面酒樓食肆已經很少出品這個菜餚了。我一直在思考其中的原因。或許豬肝作為食材，因含膽固醇太高而被拒了，或許在價值體現上達不到理想效果，故而多數廚者選擇棄之？不管怎樣，從技術角度上，我還是想從幾個方面解讀一下這道名菜。

其一，工序煩瑣。烹製乾炸肝花這個菜品，首先在豬肝的刀功處理上要先採用順刀放花，再橫刀切片。很多人可能不解，認為多此一舉，事實上這是一個關鍵技術。豬肝煮熟後，它的張力比較強，如果不順刀放花，它在製成菜品時，容易脹破豬網油，便不好看了。

其二，黏合力。豬肝和白膘肉在搭配上具有滑口和香氣共存的特點，它們的黏合力不強，單純用芡粉還容易鬆散。而選用鮮蝦仁，通過洗淨瀝乾，用刀拍成蝦膠，再用蛋清調成蝦漿，讓它和豬肝、白膘肉攪拌在一起，黏力更強，也不容易鬆散。

再者，對食材理解不同。從營養學上來説，動物內臟脂肪高、膽固醇高，很多人生怕吃多了影響心血管，導致血壓升高等症狀，故

豬網油

而動物內臟也逐漸被棄用。事實上，豬肝含有大量銅、鐵、鋅等元素，這些營養成分與其他食材搭配合理，既美味可口又有益，偶爾小試對身體也有好處。

四是價值認知誤區。如今的豬肝受到各種非議，價格低下，如果費盡力氣烹製成一個品種，反而得不償失，很多人會認為不如不做，於是漸漸放棄了。

發財就手

廣府菜中有道出名的菜餚，每逢過年過節最旺銷，也是平常人家最喜愛的，取名曰"發財就手"。單這菜名便能吸引很多人，凡夫俗子誰不想發財呢？吃飯的東西都能想出一個好稱謂來，師傅們用心了。

梅子焗豬腳

此菜餚是用什麼食材烹製的呢？是豬手。不是吧，這明明擺的就是豬腳，怎麼叫豬手呢？應該這麼説，豬的前腳叫豬手。白雲豬手也是豬的前腳做的。其實叫作腳也不會錯，動物是四腳落地的，只是人類能站立行動，才將腳手分開。

在做菜的領域裏，分清腳、手的作用可能更重要。所以“發財就手”菜名就不能叫“發財就腳”了，既不順口也難聽。

潮州菜系用豬腳做菜也有一部分，而且很出彩，如滷豬腳、紅炆豬腳、梅子煀•豬腳、豬腳熬豆仁、豬腳燉魚翅。這些品種有的局限於酒樓出品，烹調技巧上讓一些家庭主婦望而卻步。這裏，我想介紹一味簡單的家庭式炆豬腳。{ 見 >> P268 獨門食譜 }

説豬腳，不得不説滷豬腳。潮菜中的滷豬腳都是採用先分解再滷製的方式。而惠來縣的隆江豬腳卻是整隻，斬成節段，滷熟是一圈圈而不開邊的。近年來，惠來縣隆江豬腳異軍突起，遍及廣東各個城鄉。是什麼原因讓它蹿紅，真的難以説清楚，不可否認的應該是它優秀的出品，入味、嫩滑、軟口，肥而不膩，膠原蛋白突出，在滷製中體現了醬油香和其他原材料的綜合元素，所以容易讓人接受。

• 將食物以瓦鍋烹煮的懷舊烹調方法。

東海圓蹄

有一次，陳占偉先生在香港請客，約定到香港一家老牌的意大利餐廳。作為主角菜餚的一盤圓蹄出現時，大家頓時眼前一亮。圓蹄上的豬腿皮被烤得像雞皮疙瘩一樣，那種好像油脂全無的瘦肉伴著德國泡菜的酸爽味，讓場面頓時靜止。這就是當晚我和朋友的生活享受，一味德國鹹豬手。

世間利用豬手烹製成菜的人和事真是太多了。我從廚幾十年了，潮菜中烹味豬腳究竟有多少味呢？想一想，還真的被問住了。梳理一下，潮式滷豬腳、豆仁熬豬腳、潮式豬腳凍、菠蘿酸甜豬腳，而最典型的要算惠來隆江豬腳。那種橫切節圈的滷煮法是獨一無二的。然而這些出品都是傳統做法，很難被突破。而自創辦酒家以來，我一直希望借鑒一下其他地方的名菜來改變潮菜的色、香、味、形，創出不一樣的另類做法。

突破固有的出品模式，一直是我尋求的目標。經“德國鹹豬手”味覺誘惑著，靈感突破了地域界限。在偷不得“秘方子”便學得樣子的思路下，我用改良手段把德國鹹豬手提升為“東海圓蹄”，哈哈，真的有意思。

很多時候是你不注意、不在意或者不經意，才會讓一個好品種

東海圓蹄

流失。回想那種要如何改變的過程，心裏難免有一種感歎。唉，這世上最難的不是變化，而是創造。所以當洋蔥醃製代替不了珠蔥時，我就覺得應該努力把“圓蹄”做得有自家特色品味。詳細操作過程因是技術秘密，暫時不便全面公開，但簡單的操作還是得透露一點。

醃製時間需要四小時，醃味更具穿透力，這才使味之無窮。其次在初步加工上須讓它完成至半成品。進入蒸籠蒸一小時，不行再加一小時，還是不行，再蒸兩小時，一定到軟黏才達到要求，後面的出品才會精彩。這就是“德國鹹豬手”演變成“東海圓蹄”的過程（本人創辦東海酒家，故將之命名為東海圓蹄）。以油炸取代烘烤的操作模式，讓圓蹄的豬腿皮起泡的疙瘩均勻，在伴佐食材上選擇的是潮汕獨特的酸菜小株泡菜。取其中段骨葉相間段節，經切絲後熱炒，佐吃於“東海圓蹄”更具風味。

第一次被顧客點上了，客人對“東海圓蹄”的火候、色澤、味道總體的評判是滿意的，他們完全接受了。自此後，東海圓蹄成為東海酒家在宴席、小酌、外送、團體宴請都能出現的佳餚之一。

記得有一次和張新民先生、鄭宇暉先生、韓榮華先生、林自然先生等相聚，嘗試“東海圓蹄”後，大家對其皮黏而爽，肉嫩而彈，穿透入味給予了高度肯定。當鄭宇暉先生把骨頭拿起來啃的時候，我放心了，一定是入味了，味道都穿入骨了，真的是偷學轉換成功了。

又到羊肉季

吃羊肉有季節，你信嗎？

廣東人吃羊肉一般選擇在農曆八月十五後至開年的三月。這個時間段裏的羊肉肥而可口，且熱氣充足，是冬天的禦寒補品。過了這個時間段，羊肉的質量明顯下降，加上春夏季節熱氣回暖，吃羊肉容易誘發熱氣，形成肺氣燥熱，所以這段時間吃羊肉的人就較少了。

有一年冬天，我在廣州參加一個活動。空閒時間，我同食界朋友相約到荔灣區西關大鄉里一攤羊肉檔吃濃香羊腩煲火鍋。他們是傳統火炭爐砂鍋形式，清一色濃湯芝麻香味，站在門口就能感受到撲鼻的香氣，生意非常好。綜觀他們經營的手段，值得探索與學習的地方太多。

首先是羊肉處理非常有特色，用特有的燒烤方式將整隻羊慢火烘烤至七成熟，皮色呈現淡赤紅色，再改塊處理。論部位以斤價售賣，顧客入座後圍著火炭爐來煲吃，配備腐竹、馬蹄、蔬菜之類的食材，讓你邊吃邊添加。

氣氛熱烈，吆喝聲和大口喝酒的場面大有回歸鄉土的即視感，不亦樂乎！據説他們是私家兄弟開檔專賣羊肉，一年只賣半年，半年休息，不經營其他，非常固定的做法。真是讓人又愛又恨加羨慕。

近幾年汕頭市也陸續開了不少羊肉火鍋店，也是採用整隻羊砍

羔燒羊肉

成幾大塊來進行熬煮後吊乾，根據客人的需求，分塊後逐斬細塊配置火鍋，搭配著馬蹄、枸杞、紅棗、蔬菜之類再進行火鍋熬製，生意也不錯。但是汕頭人對生意敏感度強，跟風快，一窩蜂上造成擠車，讓生意很容易下降，這一點是需要注意的。

清燉羊肉，是一個菜餚品種，我在標準餐室工作時就做過。師傅用整塊羊腩分解為幾塊後飛水，用大生鐵鍋配箅底，投入竹蔗尾部，南薑、大蒜等食材配料，把羊腩排放入鍋內，滾水注入後猛火燒沸，熬製一定時間後加入陳皮助味，再用中慢火保持著湯水不流失。羊肉去骨後，再分配在燉盅中，讓清燉羊肉得到充分發揮。

羊肉的做法有很多，諸如紅炆羊肉、北蔥炆羊、滷水羊腿、炒羊肉片、陳皮燉羊腩、胡椒燉羊肚等。但有一個菜餚可能被遺忘了，那就是羔燒羊肉。今天要費點精神，把這潮菜中已被忘記的做法來回顧一下。記住也罷，不記住也好，能為潮菜的記憶留一點影子，目的就達到。{ 見 >> P268 獨門食譜 }

五香牛肉

當我想寫一點牛肉丸粿條店和牛肉火鍋相關的故事的，許多同齡朋友不約而同建議我寫一點過去汕頭市的滷五香牛肉。他們都覺得二十世紀六七十年代在馬路邊上擺攤的五香牛肉攤檔特別有意思。

是啊，隨著年齡增長，特別是進入老年階段，閉目尋思著過去，可記憶的事太多了，這滷五香牛肉擺賣便是其中之一。小的時候，我家住福長二路二巷五號，與中山路和大華路左右相鄰。大華路的一側是汕頭市星群製藥廠（後改為恆星製藥廠），廠旁是一片空地。此空地一到晚上，便有人在此設場講古。他在空地上鋪幾張草蓆，讓包括我在內的人群一到晚間便去聽故事。每晚 8 點準時開始，故事內容有《封神榜》《三俠五義》《隋唐演義》《水滸傳》和《西遊記》等。

講古佬坐在一張小茶几前，茶几上擺放著一杯水、一本書以及一塊擊木板，一盞煤油燈在微風下閃爍著，忽明忽暗。他捧著發黃的書，似看似不看，滔滔不絕地講解著書中內容，時而大聲呵斥或低聲吟說，刀光劍影在他的口中頻頻飛揚戲舞，人物個個生動活潑。當故事發展到高潮的時候，講古佬便揚起擊木板在茶几輕輕擊上幾下，這是約定暗號，手下人便知道收錢時間到了。

五香牛肉

那時候坐在草蓆上聽古的人是要付錢的，一次一分錢。而站立在草蓆外圍聽古的人則不需要付錢，這時候也有一些坐在草蓆邊沿的人趁勢站了起來，想逃避付錢。

在這講古攤不遠處便有一些擺賣小攤檔，如擺賣五香牛肉、竹蔗、風吹餅、煎麥粿之類，由此形成了一個小氛圍。只要天氣不壞，沒下雨，那裏便是一處挺熱鬧的地方。

或許是那年代肉食供給太少的原因，或許是五香牛肉太香、太誘人了，大多數人只要看到滷五香牛肉的小車子出現，便會被吸引過去。

賣五香牛肉的車子不算大，它的上半部用玻璃圍起來，有防塵、防蠅的作用。夜間，在一隻小馬燈的照耀下，車上擺滿了各式各樣的五香牛肉，有牛腿包肉和五花腳筋趾肉，牛肚分有蜂巢和草肚，還有牛板筋、牛脾、牛肺等，特別誘人。五香牛肉的前端放著幾個裝滿芝麻、南薑麩、糖醋的醬料小杯子，專門給顧客購買後現場做蘸料吃用。

也就是這幾個醬料蘸杯，惹得我們這些調皮孩子特別嚮往。十多歲孩子，想像力也挺豐富的，我們會用一分錢買上一片牛板筋肉或是一片牛肺，然後蘸上醬料，送到嘴巴咬嚼著不吞。

其實，很多人根本沒有咬嚼著五香牛肉，只是把黏著的醬料吸掉，再去蘸醬料，反覆多次。次數多了，會惹得生氣的攤主直瞪眼，甚至會罵幾聲。

哈哈哈！人性真情流露是不分年齡段的，年少時，物資缺乏，求吃的欲望是每時每刻都很強烈的，也很正常。

好朋友林鎮為先生也跟我說過一件類似的故事，說他家有一位妻舅爺，過去在新興街是有名的“混混”。為了多吃點糖，買一分錢的草粿，居然要攤主給他加糖十二次，氣得攤主直跺腳。不給糖，這老兄還要把賣草粿人的碗摔掉。我想，這和我們當年那種切一分錢牛肉要蘸上幾次醬料異曲同工，歸根結底，都是那個年代物質匱乏所致。

幾十年過去了，每當我和朋友陳芳谷、韓榮華以及眾位師兄弟談起往事，那種苦澀的生活趣事，雖然有點辛酸，卻也是我們這一輩人豐富人生經歷的點綴。

如今環境條件改變了，汕頭市大華路星群製藥廠旁的空曠地早已樓宇林立，據說講古佬後來也加入曲藝團去了，而那輛五香牛肉小車也不知所終，那種一分錢蘸幾次醬料的事也不可能再發生了。

這一次，我從烹調者的角度出發，更多的是想到五香牛肉獨特的滷製方法和它誘人的風味，頓時發覺這五香牛肉是有它另一面價值的。

牛肉，汕頭市過去基本都是以槌牛肉丸泡粿條為主，其他難得一說。頂多是有一味牛肉炒沙茶醬偶爾被提及。牛肉火鍋也是近二十年才掀起熱潮，至於五香牛肉，不知何故一直很少有人提及。

在過去大潮菜的系列範疇中，牛肉屬於小眾，那麼五香牛肉應該是小眾中的小眾了。今天反觀五香牛肉的屬性，其做法、效果，我覺得應該是所有牛肉烹製品系列中的奢侈品，有相當於休閒零食的性質，故而一直不被作為主題提及。

閒話休說，如今唯一能留住我記憶的五香牛肉，應該是躍進路吳記五香牛肉店和韓榮華先生經常提到的汕頭市“老三中”老羅的五香牛肉。後者我未曾嘗過，其味道如何，難以表述。而汕頭市躍進路吳記五香牛肉店的五香牛肉，我還是比較熟悉的。

滷五香牛肉最主要的味道特點是帶著潮汕滷水之味，又有藥材植入之五香韻味，同時滷後牛肉既要吊乾又要保濕。不可忽視的是幾味醬料襯托著，特別是那款芝麻南薑麩糖醋醬料，誘惑力極強。

五香牛肉，同樣是汕頭的老味道。

羅氏牛肉丸

2016 年，汕頭市頒佈了牛肉丸的計量標準，該行業標準出台後，社會上反響不一。以經營者的長遠眼光來看，如能執行好計量標準，那將是企業遵守法規和道德良心上的一次大提升。食品標準是食品生產企業必須遵守的行業行為準則，汕頭牛肉丸的計量標準也是基於食品質量、衛生和安全而出台的。

牛肉丸

將牛腿肉敲打成泥漿狀

如今，牛肉丸在潮汕大地遍地開花，以外地人的視角來看潮汕，牛肉丸與滷鵝一樣，幾乎是潮汕的一張名片。在寄往各地的食品中，首推牛肉丸和滷鵝。牛肉丸帶來的影響遍及全市每個角落，牛肉丸廠家和商舖以及牛雜攤檔比比皆是，真是達到了無牛不成市的商業局面。

由計量標準而想到目前市面上的牛肉丸，我有很多話要說。我接觸牛肉丸是 1973 年。當時我被分配到汕頭市大華飯店廚房工作，單位安排年輕人捶牛肉丸，在羅錦章之子羅莫彬師傅的帶領下，每天安排一定數量進行加工，配方由羅莫彬師傅統一配比，他人尚不得接觸。我經細心觀察和琢磨，終於了解到其搭配。**{ 見 >> P269 獨門食譜 }**

我在大華飯店接觸牛肉丸，至今幾十年過去了，每當回想一起捶丸的羅莫彬師傅、黃中煌、蔡培龍兄弟，總有一些感觸。

結合頒發的計量標準，我發現二十世紀六十年代汕頭的牛肉丸有兩個流派。他們在各自投料上的偏差，引起了業內的一些爭議：是以新興街羅錦章先生軟漿牛肉丸為代表的好，還是以外馬路香記陳添來先生硬漿牛肉丸為代表的好？

儘管這兩個風格的牛肉丸各有千秋，最終有關方面還是以新興街羅錦章先生的牛肉丸作為代表，他的軟漿和加入白肉粒更適口，汕頭市飲食服務公司也以新興街羅錦章牛肉丸作為出口品牌。

羅錦章，普寧人，二十世紀二十年代初便來汕頭經營牛肉丸，初時是挑街落巷，後來在新興街創辦牛肉店，經營牛肉丸、牛脯、牛雜和粿條、麵條湯之類，生意一直不錯。1956 年併入國營，成立了新興餐室，與徐春松的炒糕粿、胡森興師傅的西天巷蠔烙合為一店。此後，新興街和羅錦章先生的牛肉丸一直是汕頭市人懷念的地方特色美食。如今該店因年久失修而倒塌，羅家人先後離去和放棄餐飲業了，傳承中斷，手藝也漸漸被遺忘。

我想把過去外馬路香記牛肉丸和新興街牛肉丸做一次比較，看各位可否從中明白硬漿和軟漿的各自理由，也知道計量標準的重要性。

外馬路香記陳添來先生的牛肉丸之所以選擇硬漿，是因為泡牛肉丸粿條時，有一個等待煮丸的過程，他認為軟漿的丸不宜長時間放在湯鍋內浸煮。為了方便，也為了避免顧客長時間等座，他一直把丸放在湯鍋內，從這一點來看，陳添來師傅做得比較好。此外，他認為硬漿的牛肉丸更富有彈性。

新興街羅錦章先生的牛肉丸選擇軟漿製作，更多是考慮口感上的享受，而且在軟漿中又加入白膘肉和鰈魚末，滑嘴而又有香氣。軟漿牛肉丸柔中帶彈，適合多層次年齡段的人品嚐，多吃一些也不覺牙酸。唯一的缺點是不宜長時間放在湯鍋中浸煮。

今天的牛肉丸已經影響廣東，影響全國，大家都在為汕頭市牛肉丸這個招牌增光。碰巧一幫廣州朋友來東海酒家尋味，我也以羅錦章先生的配方製作了軟漿牛肉丸讓他們品嚐，獲得讚譽。他們順問此丸應叫什麼呢？我說，如果按照我學習來的"方頭"●擁有者而言，應該叫"羅氏牛肉丸"，這是對他們的最大尊重。

● 方頭原指中醫處方，這裏有獨家秘方的意思。

教你如何烹製雞

看過小説《林海雪原》的人都知道智取威虎山有這樣一段描述，解放軍偵察英雄楊子榮用“百雞宴”為座山雕慶祝生日，伺機擒拿匪首座山雕。

小時候，我對“百雞宴”的理解是用一百隻雞去做菜。後來參加廚師培訓，師傅羅榮元先生告訴我們，如果學習好了，技術掌握了，把雞和食材相互搭配，一隻雞在你們的積極發揮下，定能演繹出一百味的雞宴。天啊！羅榮元師傅這麼一説，竟然和小時候看到的《林海雪原》中的“百雞宴”一致。

東西南北中，“無雞不成宴”已經是不變的定律。特別是在廣東，雞在宴席中的地位更是不可挑戰。一系列的菜譜告訴你，雞在烹調中的地位和重要性。

廣州市佔據大粵菜的中心地位，廣府菜各家酒樓食肆在烹製雞上有出色的技術表現，各類用雞做的菜餚也堪稱經典。而被一直惦記著的首推白切雞，至今仍是酒樓食肆必有的品種之一。

在回顧雞在各時段的烹製上，最不能被忘卻的是二十世紀六十年代，廣州市評選出各酒樓的十大名雞，由此讓我們見到烹製雞的技術和菜品的魅力。

蓮花荷包雞

烹製十大名雞的酒樓食肆有：廣州華僑大廈的美味熏香雞，南園酒家的普寧豆醬焗雞，大同酒家的脆皮雞，東江飯店的東江鹽焗雞，廣州酒家的文昌雞、茅台雞，大三元酒家的茶香雞、豉油雞、金華玉樹雞、太爺雞。

大家看看，雞這類食材在大粵菜飲食江湖上被發揮得淋漓盡致，這也是雞族史上的光榮呀！

冷靜分析，廣州市酒樓評選出的十大名雞中，潮菜系中的菜餚竟然佔了兩個席位。一味是華僑大廈朱彪初師傅送評的美味熏香雞，一味是南園酒家蔡福強師傅送評的“普寧豆醬焗雞”。由此足見當年雞在潮菜中的重要性。

其實，潮菜中雞的烹調方法還有很多值得傳頌的，只是一些名菜在歷史長河中漸行漸遠，被遺忘了。如果能羅列出其中一些菜名來，精心烹製，我認為也不乏精品。

結玉燜雞、釀百花彩雞、炸芙蓉雞、炸八塊雞、糯米香香雞、炊石榴雞、玻璃酥雞、雪耳荷包雞、川椒雞球、炸童子雞、蓮花荷包雞、炸翅中翅、黃金雞捲、七指毛桃雞、栗子炆雞、檸檬炆雞、金華玉樹雞、鮮奶燉雞、凍金鐘雞、梅子炊滑雞。以上菜餚都是專業廚師的看家本領，如若想要學得，學費是不能省的。

事實上，烹製雞的菜餚系列，專業廚師在食材搭配上是靈活多變的，他們會在炆雞的基礎上做出主食材和輔食材相替變化。例如栗子炆雞，換上菱角就叫"菱角炆雞"，換上冬筍便叫"冬筍炆雞"，和蓮子一起則是"蓮子炆雞"。如果將雞肉取出，切成片與菜心一起炒叫"菜膽炒雞球"，與菜葉一起炒叫"菜遠•雞球"，讓你叫絕。

潮汕民間的家庭，一些烹調雞肉的菜餚也有許多地方可以借鑒與學習，如稚薑炒雞塊、砂鍋煮雞粥、枸杞淮山熬雞湯、鮮香菇炒雞片，好吃又好味。

今天我特別想到了一個失傳的品種"蓮花荷包雞"，想來重現一下，儘管今後可能也不會出現，但我覺得還是有必要把它記錄下來。

{見 >> P270 獨門食譜}

唉，費筆墨、費心思論述一隻雞和一個菜品，其關聯性、同屬性有太多可以了解和探索。我一直忘不了，至於值不值得就別管了，要不傳承怎麼辦呢？

• 菜遠指菜心等蔬菜最脆嫩的部分。

教你如何做鴨

這文章名字聽起來有點怪怪的，人們習慣性的思維會讓很多事產生誤會。“做鴨”形容在當今社會中的一些男人，不想做事專吃軟飯，有貶低其行為可恥的意思。而我所説的做鴨，卻是廚房的活兒，勿誤會。

揭陽市桐坑鄉的村民把白斬鴨、炒粿條做得很出名，他們走出鄉村，到城市去，讓很多人記住了白斬鴨、炒粿條，由此也記住了桐坑鄉。我曾經説過，潮汕滷水有三種：滷鵝的是糖色香滷水，滷豬肉的是醬油香滷水，滷鴨是原色的白滷水。而日常我們所吃的白斬鴨的滷水就是原色白滷水。

揭陽市桐坑鄉的白斬鴨在處理上都是採用浸滷方式，它有一種讓你感到既含汁又不帶腥味的氣息。從某種意義上，它與南京鹽水鴨有同烹飪同味道之套路模式，入嘴之後，肉香竄鼻。

既然論做鴨，那就必須説説做鴨的感悟，特別是潮菜中的品種。細想下，潮菜菜餚品種中單純對鴨的烹調就有許多種，如今列舉一些品種，目的是想讓人的味覺產生興奮。

腐皮酥鴨、糯米香酥鴨、五香炆鴨、稚薑炆鴨、素菜荷包鴨、檸檬燉鴨、冬瓜熬鴨、荔蓉香酥鴨、鮮筍炆鴨。至於掛爐鴨、片皮鴨、烤鴨，在潮菜中比較少出現。而用藥材去燉鴨，也有一定數量，如冬蟲夏草燉鴨等，在這裏就不列舉了。

今天就鴨的烹調，舉一例比較有傳統烹調性質的來描述——潮菜中的“素菜荷包鴨”。做菜的時候，但凡出現“荷包”二字的品種，都是以整隻包裝其他餡料為型。也就是説，一種食材整隻脱骨後裝上其他食材再紮緊，或者用主食材包上其他副食材後紮緊的，都會被稱為“荷包”。諸如“雪耳荷包雞”“荷包鱔魚”“荷包水魚”等。閒話休説，先列一下操作過程吧。{ **見 >> P271 獨門食譜** }

以個人的認知觀點，鴨大致可以分為三種：土鴨、半菜鴨（綠頭）和大白鴨。用來做菜，若論口味論口感，我認為土鴨最好，雖然個頭瘦小但氣味足，用在清燉、醬香焗是上品，做素菜荷包鴨最為適宜。其次是半菜鴨，肉身厚實，用在滷製與斬塊和其他食材相配，炒炆製也合適。大白鴨用在掛爐燒烤最佳，原因是肥身容易讓鴨皮產生香脆，所以市場的需求量很大。

這樣的鴨，你想做嗎？

素菜荷包鴨

炸雲南鴨

曾經有許多潮菜名師為名菜餚“炸雲南鴨”尋找依據，卻始終沒有結果，由此留下懸念。

有一説法是，潮菜廚師採用雲南的鴨子來烹製成廣東菜餚，故取名“雲南鴨”。想想或許有點牽強。

汕頭市原標準餐室老服務生楊壁元先生曾經説過，這一味菜餚應該叫“炸糊淋鴨”，潮汕話可能是和雲南鴨諧音，故而被寫錯了。

他説道，這應該和過去樓面服務生的文化水平較低有關，把“糊淋鴨”寫成“雲南鴨”，後又被廚師們認可了，久而久之便形成今天約定俗成的叫法。我認為這是完全有可能的。我們可以列舉一些事例，來佐證楊壁元先生的説法。

比如 2001 年我們在深圳辦酒樓的時候，樓面服務員柯碧珠在菜單上把“炒薄殼”寫成“炒手槍”。因“駁殼（槍）”和“薄殼”在潮汕話的發音相同。這也是只有潮汕人才能理解的例子。

下面，我們來分析理解整個炸雲南鴨（糊淋鴨）菜品的做法，或許大家可更仔細地推敲。

炸雲南鴨在最終定型出品時，有一個糊汁（芡汁）是墊在盤底而不是淋在酥鴨身上的，這與“糊淋鴨”有點相左。因而廚師們產生

炸雲南鴨

了疑問，很多老師傅也摸不著頭腦。

我曾經與一群師兄弟們探討過，大家都認為，或許原來糊汁是淋在上面的，由於淋上後觀感不太好而改為墊底。這樣既不影響出品的美觀，又不影響它的味道。這也可能是唯一解釋得通的理由吧。

無獨有偶，"羔燒羊肉"本應叫"炣燒羔羊"，後因音誤而叫"羔燒羊肉"。它同樣是加入配料進行紅炆，熟爛後再取出骨頭，拍上生粉後再放入油鍋酥炸，出品時也是川椒糊汁淋在盤底上。

這兩道菜的烹製方法基本相同，你覺得是先有"炸雲南鴨"，還是先有"羔燒羊肉"呢？

還有，如何命名更合適呢？

我認為既然糊汁已墊底了，叫"炸糊淋鴨"更貼近。然而"炸雲南鴨"的叫法和寫法，已經深入廚房和樓面去了，既然約定，還是不改吧。最後附上這隻"炸雲南鴨"的具體操作步驟。由後人去解讀，或許更完美。{ **見 >> P272 獨門食譜** }

居平鴨粥

那一年，大林苑創辦者林自然先生逝世了，後又接到居平鴨粥創辦者林益和先生走了的信息，心裏感傷，皆因都是飲食人的緣故。

認識林益和先生時，我在國營飲食單位，他在合作飲食單位，同屬飲食服務公司。那個年代，在國營飲食單位工作有著驕傲的成分，不管生意好壞，工資照發。而在合作飲食單位就難免會出現工資欠發的現象，但是他們的自由空間比較大。所以當改革開放的春風降臨時，林益和先生隨即離開合作飲食單位，單飛了。

單飛後，他選擇了賣芳糜（香粥），這是汕頭人喜歡消夜的一種吃法，簡單有料。地點選擇在當年最繁華的老城區居平路和安平路交界處，即老天華百貨公司門店對面。

任何一種生意都非常辛苦，初創業時，他起早貪黑，勤勤懇懇，任勞任怨，摸索出生意上的時間段，最終發現夜市是經營這種芳糜的最佳時間。於是他選擇在晚上七八點後才開始擺賣，一系列的鴨粥、鱔魚粥、田雞粥、鰻魚粥等，直至天快亮才收攤。

有四十年的時間了，林益和先生的“芳糜”穩穩地站住了，成為人們消夜的好去處，特別是那一碗帶辣的“鴨粥”，令人垂涎。由此，很多人不知道店主的名字，卻知道老市區有一家居平鴨粥。

居平鴨粥

居平路的鴨粥好吃，吃過的人都說不錯，而我只是笑笑，因未曾去吃過，難以置評。因我也會烹製鴨粥，於是想把它寫出來，讓大家領會一種風味。{見 ▸▸P273 獨門食譜}

當我把鴨粥的烹製過程敘述完，頓覺心中難以平靜。一個平民式的攤檔經營者林益和先生一心一意把粥品烹得聲色俱佳，讓很多人記住了，實屬難能可貴。如今“居平鴨粥”的原址不見了，為了城市的改造，他們讓路了。此後林益和先生的兒子把店搬到中山路，因種種原因也歇業了。

我只能通過這篇文章，把鴨粥的味道留下來。

天下第一湯

1994 年，香港人王德義先生帶領一幫港廚在汕頭市新世紀大廈二、三樓創辦了汕頭市金島燕窩潮州大酒樓。在一系列潮菜的出品中，有兩款菜餚特別引人注目。一款是金華火腿燉翅，一款是鴿子吞燕。酒樓引來很多汕頭人光臨，大家品嚐後讚不絕口。

香港金島燕窩潮州大酒樓原址設在香港九龍河內道，創辦於 1978 年，當年是香港比較高檔的潮州菜酒樓。其本意是要在酒樓出品系列燕窩，因為大股東之一的黃子明先生在泰國經營燕窩生意，掌握著食材渠道的優先條件。他們的燕窩系列菜餚做得非常好，除了“鴿子吞燕”，還出品了釀竹蓀燕窩、火腿燕窩球、炒芙蓉燕窩、雞蓉燕窩等，從此引領了香港酒樓燕窩的出品。

改革開放後，香港金島燕窩的港式潮菜進入內地市場，一些出品受到關注，內地的一些酒家餐廳相繼模仿出品。由此，我也想把“鴿子吞燕”這味燕窩燉湯的方法做一點介紹。{ **見 >> P274 獨門食譜** }

此湯水極清，少許油花漂溢在湯上。當飽滿的鴿子被刀叉開膛破肚時，軟綿綿的燕窩會從胸腔流出來，一入嘴，那種清甘舒服感油然而生，美滋滋的。於是，這味“鴿子吞燕”燉湯被一些美食家稱為

鴿子吞燕

“天下第一湯”。

我認為它絕對是香港金島燕窩潮州酒樓的原創，也一直在揣測“鴿子吞燕”這一味如此美味的燉湯，是否和當年潮菜名師羅榮元師傅傳授給我們的“雪耳荷包雞”有著異曲同工之妙。

記得二十世紀七十年代末，政策逐步放開，汕頭市各行各業都在恢復經濟生產，出現了熱火朝天的局面。餐飲業，在政策的支持下，食材逐年放開，市場上也豐富起來，一些從事酒樓餐飲的廚師有了發揮空間。

汕頭市飲食服務公司也藉此機會舉行了多次廚藝技術練兵，隨之而來的是舉行一系列的技術考核。潮菜名師羅榮元師傅等考官選擇了幾道菜餚，讓大家複習和參加考試，其中便有“雪耳荷包雞”。

當年考核的地點設在汕頭市外馬飯店二樓。汕頭市飲食服務公司的幾十位廚師躍躍欲試，希望通過考核，獲得級別稱號。

我是當年參加考試的廚師之一，猶記得那次考核，場面肅靜無聲，偶爾的碰撞聲是刀具在停放時發出的，偶爾也會聽到悄悄的罵娘聲。這種聲音一定是在拆取荷包雞時外皮被刀劃破了才發出的，因為外皮被劃破了是要扣分的。

那場考核後，“雪耳荷包雞”一直留在我的記憶中。羅榮元師傅說，用“雪耳荷包雞”作為考題，主要是考慮到刀工技術，如果不受食材限制，“雪耳荷包雞”可以換成燕窩荷包雞。

“雪耳荷包雞”經過蒸汽隔水靜止燉之後，湯清味甘，雪耳軟滑，大家感到驚奇，紛紛讚不絕口。

今天，我們在潮菜的共性和關聯性上把“雪耳荷包雞”和“鴿子吞燕”聯繫起來，想想挺有趣。

“魚”的 N 種吃法

苦初魚醬

小苦初魚仔用鹽和酒醃製了一段時間後便稱為“魚鮭”（糜爛的意思），也有人寫成“魚膏”。這都是潮汕不同的口音叫法，依照文字寫法，先統一寫成“鮭”字吧。

“蝦苗鮭、猴爾（細魷魚仔）鮭、鯽魚鮭和苦初魚鮭”，這些存在，我認為都應該屬於潮汕地區的古早味。是什麼人把這種物料醃製成這樣的鹹味呢？為什麼要做？此類食物真的對人體有好處嗎？至少我是找不出答案的。

“物以稀為貴，貴而珍”，最近美食家陳占偉先生送來了一罐苦初魚醬（鮭），說是快絕跡了，現存潮南“龍記”商舖才有此物，故而顯得特別珍貴。

這一罐苦初魚鮭，放在桌面上已經有好幾天了，我坐在旁邊，時不時看著圓罐裏的它。“苦初魚鮭”又為何欲絕跡了呢？主要的原因是溪、溝、河流都受到污染了，源頭上賴以生存的苦初魚少了，能看到的幾條游魚仔夠不上醃製的量。其次是人的生活質量也改變了，太鹹的物質，難以讓人在飲食上接受，便逐漸被遺忘、淘汰了。

近幾年，隨著玩美食的人逐漸增多，美食質量逐漸提升，品類也豐富多樣了，一些原來被遺忘的邊緣食材和被遺棄的奇缺物質，重

苦初魚

新被拾起，且作為古早味被推至大家眼前，讓記憶重現。今天的"苦初魚鮭"重現可能源於此。

幾年前，潮陽朋友連先生送給我兩罐"蝦苗鮭"，説炒菜、炒飯奇香。那一次我叫廚房的師傅炒了一碟飯，可能量放大了，香是未聞到，鹹倒是先嘗了。此後也不怎麼注意，便也就忘了。兩年前，專做海鮮生意的饒平人鄒楚平先生送來了兩罐"猴爾鮭"（魷魚仔醬），説是漁民們自家醃製的物質，由於太鹹，也都被束之高閣了。這一次，陳占偉先生送的"苦初魚鮭"，又勾起我對此類物質的一些記憶。

按照本人的理解，"蝦苗鮭"和"猴爾鮭"是海鮮醃製品，"鯽魚鮭"和"苦初魚鮭"應算是河鮮醃製品。這兩款醃製物都特別鹹，鹹到有點苦，初試者都是難以接受的。

醃製"蝦苗鮭"和"猴爾鮭"在大潮汕沿海一帶都有，甚至連珠三角沿海都有，只是醃製法上不盡相同而已。

潮汕有一句流行語"有錢那哥，沒錢苦初"，我印象極為深刻。這兩種魚，都是魚鮮味極強，十分誘人。有錢人想吃有魚鮮味的魚自然會選擇那哥魚（學名：多齒蛇鯔），而沒錢人則只能選擇溪溝裏的苦初魚仔了。

苦初魚仔的鮮味究竟有多濃重，我還真未嘗試過。但是那哥魚的魚鮮是極濃重的，過去製作魚丸的師傅都強調，打魚丸的魚肉一定要加入一些那哥魚肉，魚丸才有魚的鮮味，才好吃。苦初魚仔能和那哥魚相提並論，説明它的魚鮮味也極強。

生長於溪渠坑溝上的苦初魚仔，頭大身修長，全身瘦條沒肉，可能是沒肉而膽腸又大的原因，讓人吃後感到微苦，故被稱為苦初魚吧。苦初魚在潮菜體系中，除了醃製成苦初魚鮭之外，偶爾在餐桌上

苦初魚醬

也出現過，特別是在鄉村食檔上。它們的做法普通簡單，一部分炸後灑一點豉油和香豉，而更多則是酥炸後加人椒鹽粉，酥脆甘香，比較受歡迎，至於醃製成的魚鮭，價值和取向難以估計，只能暫於此。

在苦初魚鮭的誘發下，我聯想到二十世紀六十年代中期，母親也曾經醃製過另一種魚鮭（鯽魚鮭）。我在旁邊觀察過，只是印象模糊。

一、剛取回來的鯽魚不能用自來水洗，最好是活蹦亂跳的那一種，開膛後，用布把魚擦乾水分。

二、用來醃製的海鹽要炒熱至燙手，然後裝罐時是一層鹽一層鯽魚，同時要注入度數比較高的米酒，最後在罐的上面鋪上更多的粗鹽，密封罐口。

三、放一段時間後，還要拿到厝頂上讓其日曬雨淋一段時間，達到物理酵化便好，一般都要醃製幾年以上。

在當年，我有一點不明白醃製此物有何用途，經詢問母親，才知道是要送去泰國給我的母姨。母親的原話是這樣説的："母姨去到泰國後，水土不服，腸胃風和腸胃氣不順，而這種鯽魚鮭能夠祛風和胃，特別是對水土不服造成的腸胃風和腸胃氣更加有效果。"

幾年後，母親把自己醃製的這罐鯽魚鮭託家鄉人帶往泰國去了。這種醃製屬於民間土方法，早年間還是挺流行的。我家母嬸幾十年前醃製過"鱟汁"，也是用此類方法，都是對胃氣胃風有效果。雖然我未曾嘗試過。然而在民間，偏方還真的有一定療效。如陳皮、老香橼、陳年橄欖糁、老菜脯等，在消風、消積、和胃、理氣方面有效果且無任何副作用，因而民間才有大量醃製和儲存此類物質的習慣。

苦初魚鮭，既然存在，那就一定有它存在的理由，喜歡者，善待之；不喜歡者，也別難為之，畢竟它只是小角色。

冬至魚生

上段時間，潮州市官塘鎮的魚生有點搶風頭的感覺。事實上，官塘魚生在很久很久以前就有了，只不過有一段時間被禁止了，擔心吃後會生寄生蟲。

隨著"刺身"料理的湧入，魚生經過一段時間的沉寂，如今又興起了。最近很多朋友都跑到潮州市官塘鎮去品嚐魚生，當被問及感覺如何，很多人卻又難以說得清楚。這也難怪，他們畢竟只是普通食客。想知道潮州魚生的一些飲食事，還得從我理解的角度來詳細論述。

魚生一直未被記入潮菜菜譜之中，但卻存在於潮菜的大範圍內。潮汕地區[illegible]早就有生吃的習慣，潮人在潮州府城，就有經營魚生檔，專門做魚生系列的餐飲。

我在鮀島賓館工作期間，潮菜名師柯裕鎮師傅曾親自做過魚生給我們看。他說過去魚生檔烹製魚生的過程，首先是選魚、放血、開膛、刮肚、去鱗處理，隨之是起肉和去骨，在挑去筋帶和血脾肉後，吊起風乾。風乾後用魚生刀快速切薄片，隨之逐片放在竹箅上。最後是搭配各種輔助調料和醬碟蘸料。

他認為，潮汕地區烹製魚生的魚，大部分是池塘裏的草魚（鯇

豆醬油

魚生料總盤：薑絲、芫荽、
菜脯絲、楊桃絲、洋蔥絲、
辣椒絲

魚生與佐料、醬料碟

花生米

芝麻香油

鮮魚生

魚），做魚生的草魚必定要選擇沙池養的，不能是土泥池養的，因土泥池養的草魚有著濃濃的臭土味。吃魚生的時間最好是入秋後轉冬季，與草魚一般收穫的季節同步，此時的魚肉最肥美。過去有“冬至魚生夏至狗”的説法，就證明了吃魚生的季節要求。

吃魚生的關鍵還是佐料與醬料碟，潮汕地區的魚生佐料主要有生蘿蔔絲、生稚薑絲、淡味菜脯絲、生楊桃絲。醬料碟裏有醬油芥末、豆醬泥油、辣椒酸醋等。

事實上，潮汕人吃魚生追求原味上的鮮甜，活活的草魚通過刀功處理後，又有輕微風乾，多少帶著彈性，又增強嚼勁，在綜合後會刺激味蕾感官，讓其鮮味無限發揮，大有原始人類茹毛飲血的興奮點。

潮州人的魚生檔也並不是單純賣魚生。過去潮州府城魚生檔是綜合買賣的，能把魚生延伸到許多品種上，比如把魚肉切得薄薄成片，加入芹菜、南薑麩，泡上少許泡飯，灌入上湯，烹製成一碗“滾湯魚生粥”。而魚的其他部位也被充分開發成不同的產品：魚頭可做魚頭羹；魚腹可做成豆醬薑煮草魚腹；魚皮可通過醃製做成脆漿草魚皮，魚腸可做魚腸白菜煲，整條草魚都能充分利用。在這裏，我重點介紹這幾味魚生及其他相關的做法。{ 見 >> P275–276 獨門食譜 }

滾燙魚生粥

豆醬薑煮草魚腹

韓江翹嘴綠

由汕樟路至蓮下橋旁邊左轉，彎彎曲曲的道路，時而穿巷而過，時而田園近身，泥土路面不平，車輛顛簸地順著江邊行駛，終於到達一處用竹木圍起來的厝屋中。這就是澄海人養鵝大王“阿泵”兄的產、種、養自家場園。由於靠近韓江邊，遂自放一張捕撈網，閒時撈些魚仔、蝦仔補充餐吃之用，雖無大獲取，但不失為偷閒自樂的風景。

有一天澄海人“哈羅”先生告訴李楠先生説，昨晚“鵝王阿泵”牽罾拉網撈到一條翹嘴綠魚（學名：翹嘴鮊）約十六斤，甚是高興，一大早致電邀幾位朋友一同品嚐。我和李楠、陳國光先生等便同“哈羅”先生一同前往。

平時見到的翹嘴綠魚大約都是一至三斤，不覺稀奇，但這一次居然是十六斤多，實屬稀罕。午宴是豐盛的，“鵝王阿泵”非常熱情，除了將翹嘴綠魚做成三味之外，澄海滷鵝、新鮮苦刺心肉碎湯、燜鮮筍肉粒飯、走地雞及家種蔬菜，讓你驚喜，一桌純正農家宴席。

野生的翹嘴綠魚是非常美味的，尾部炊梅汁，魚頭紅燒，味鮮無可挑剔。最鮮甜的是魚的中部做成潮式魚飯，連著魚腹炊熟後讓其自然晾乾的氣息，蘸點醬油或豆醬即刻鮮味突顯，是其他任何魚都無

剛捕獲上來的翹嘴綠

法比擬的。特別是掀開魚皮時，那皮下油脂欲滴的感覺，讓腹腔的骨刺肉香氣更足。

近十多年來，不知道什麼原因，韓江水中有兩種淡水魚被重新拿到桌上來論道品味——翹嘴綠魚和鯿魚。

我一直是喜歡海洋魚類的，哪怕海邊灘塗的魚仔、蟹仔，也可圈可點。那種深奧的海洋文化碰撞著潮汕大地的田園文化，讓潮菜菜餚一直縈繞在我腦中，抹不去。所以我一直對江河的魚蝦和池塘溝渠的魚類關注度比較少，偶爾提及也是一閃而過。

我早年習廚時認識一位潮州東鳳人陳墊通先生，他曾經説過韓江有綠魚，我還譏笑他"笠"（土氣）。我告訴他，綠魚只生長在海中，頭尖身扁、鱗粗骨刺多是綠魚的特點，潮汕人烹製大都是整條

"梅子汁蒸"，可以不開膛，不去鱗，蒸的時間要比平時炊魚要長一點（據說上海人炊鰣魚也是如此）。

很多年後，曾在潮州市工作過的黃先生來酒家用餐，要求找條翹嘴綠來吃，他說離開潮州市後再也未吃過了，突然很想再試味。我蒙了，原來韓江水中真的有綠魚，我真的是孤陋寡聞。慚愧！

幾經周轉，終於找到一條二斤多的翹嘴綠。整條魚的形狀幾乎與海中綠魚一樣，只是魚身顏色偏深暗些，不過嘴部相對向上翹起，怪不得大家也稱之為"翹嘴綠"。

一頓豐盛的農家宴讓尋味者得到滿足，大家感歎著翹嘴綠的鮮味，驚訝著在韓江邊的走地雞、鮮摘的苦刺心肉碎湯，更驚訝的是"鵝王阿泵"獨特的鮮筍肉粒燜飯。

農家戶都有獨家燒柴草的灶台，鐵生鼎，木板蓋，柴草來生火，添草火旺，抽柴火熄，操控自如。

自小屬農戶出身的"鵝王阿泵"一時興起，自己生火燜筍飯。只見他洗鼎燒熱，注入豬油，倒入豬肉粒，鮮筍粒快速翻炒至六成熟，再投入生米進行混合炒香，五分鐘後注入滾水，適量而定。加蓋後燜至起味，退去火候，用餘溫收乾水分，再投入調味品、少許蔥花翻炒均勻即好。筍鮮、肉滑、米香、飯爽，實是家鄉炒飯一絕。

六月鱔魚

鱔魚煮烏豆（黑豆），是專治療流鼻血的民間褲頭方（偏方）。這是師兄弟陳木水先生獻出來的秘方，存在於什麼年間已經不詳。初時聽後，覺得此褲頭方有點莫名其妙，好像與治療沾不上邊。但它確實治好了許多流鼻血的問題，下面是它的用量和用法。

取活鱔魚 2–3 條，烏豆 1 兩，清水一碗約半斤，蜂蜜漿 2 湯匙。烹製過程中要先把活鱔魚整條洗去黏液，最好用乾淨的布整條拉住鱔魚後去掉黏液，保持鱔魚還活著，再清洗乾淨待用。烏豆洗淨待用。

取砂鍋一隻，注入清水加入烏豆煮沸，再把洗淨的活鱔魚迅速放入，蓋緊鍋蓋煮熟，再轉入燉盅內，加蜂蜜 2 湯匙，密蓋後進入隔水燉，約 90 分鐘完成。

用此偏方治療流鼻血，要注意的是，第一星期食用 3–4 次，每次都是取其燉湯飲之。第二星期可依次減至 2 次，同樣是取湯飲之。

陳木水先生曾經服用過，治好了他自己的流鼻血。不過他說“褲頭方”都是民間的偏方，因人而異，也有可能達不到好的治療效果。我一而再、再而三地觀察這一張“褲頭方”，覺得縱然不是治療流鼻血的偏方，燉吃之也對身體無害，當美食享受也無妨，故此引入來表述，信不信由你。

鱔魚，生長於河、溝、溪、渠和水稻田的泥土水中。它圓身修長，無鱗且黏液纏身，血液佈滿身上各個角落，腹部呈黃色，背部有黃褐斑點，故此被大家稱為黃鱔魚。

黃鱔魚的生命力非常強，其營養價值極高，含有大量蛋白質、氨基酸、維生素、血色素等對身體有益的元素，故此又被大家稱為“水中人蔘”。若論黃鱔魚做菜，潮菜中有幾味比較出名，其中有油泡六月鱔魚、紅燜鱔魚、鱔魚羹、鱔魚把。

潮汕家常的鱔魚做法莫過於一味“鱔魚炒蕹菜”，有一句口頭語“六月蕹菜蕊，鱔魚如雞腿”，我覺得生動貼切。當然也有一些家庭婦女喜歡買兩條鱔魚煮粥給孥仔吃，補補身體。這做法，體現了藥食同源的理念。

鱔魚炒蕹菜

六月鱔

“六月鱔”的叫法是比較有時令性的。潮菜名廚蔡和若師傅説過，每年的新生鱔魚在六月最鮮嫩脆口，用蒜米粒來油泡，在潮菜中最合時令，頗具特色，故稱“油泡六月鱔”。

潮菜名廚柯裕鎮師傅在烹製鱔魚羹的時候，則喜歡取鮮活鱔魚開膛破肚，去頭削骨後洗淨切絲，再配上雞絲、火腿絲、香菇絲、稚薑絲、芹菜絲和上湯，煮的時候注入蛋清液，調上味道，特別是胡椒粉。柯裕鎮師傅烹製的鱔魚羹和一些地方的鱔魚糊異曲同工，這是我們眾師兄一致的看法。

師兄弟劉文程先生介紹，他在湖南長沙工作時見過湖南師傅烹製過鱔魚糊，基本上相同，只是他們在提取鱔魚肉時，採用釘刨式取肉。一塊木板上，用釘釘滿木板，釘的另一頭突出一節。鱔魚煮熟後放在釘板上刨刮魚肉，一手抓鱔魚的頭部，把魚身放到釘板上，順手嗖嗖幾聲，迅速把肉刮出。這就是典型的骨肉分離，非常有趣。

認知黃鱔魚和烹製鱔魚，有的時候想一想也是一種樂趣。當年羅榮元師傅在教我們烹製鱔魚時，要求我們用大菜刀去宰殺鱔魚。剛開始時，我們真的用大菜刀，手指碰到鱔魚，鱔魚就溜走，你再抓牠的時候又溜過，殺一條鱔魚幾乎費掉了半天的時間。為鱔魚開膛破肚，手指與大菜刀控制不一致時，鱔魚滑溜，刀尖還會戳到手指，而流出的血與鱔魚的血混合在一起，直到痛了才知道傷口在何處。

潮菜名師羅榮元師傅不管你當時的表現如何，他說用大菜刀宰殺鱔魚，雖然難度大，但學會和掌握了，你便可攜大刀闖江湖，為烹調事走天下。

羅榮元師傅說市場上買賣鱔魚者，宰殺鱔魚都是"專業殺手"，小刀熟手易掌握。我們是廚師，經常操握大菜刀，所以學會用大菜刀宰殺鱔魚，走到哪裏都方便。他在指導我們宰殺滑溜溜的黃鱔魚時，強調使用的刀法只能用三刀。

第一刀，要用大菜刀的前刀尖處插進頭部下方，從腹部往下順身邊拉下，讓鱔魚腹部開成兩邊。

第二刀，用大菜刀的前刀尖處插進頭部下的脊椎骨邊下，從骨邊順身邊拉下，咯咯咯聲響過後，脊椎骨即刻浮在鱔魚肉上面。

第三刀，要把大菜刀放平後從後面挑起脊椎骨，往前平推挑起骨，讓骨與肉分離後，順勢從頭部切斷。

三刀過後，整條鱔魚即完成了宰殺過程。我們眾師兄弟都認為這是廚房的一項細活兒。按照羅榮元師傅的觀點，一個完美的廚師必須掌握廚房技術的全部。

池塘水庫魚

很多年前，潮南司馬浦人老四兄在秋風嶺水庫捕撈到一條大松魚（鱅魚），重達八十斤。老四兄非常高興，馬上叫人拉到汕頭市東海酒家。這條大魚在東海酒家受到最高“禮遇”的處理，魚肉被取出，改切細塊後用鹽醃製，松魚頭就被眾友人分成多次，做成多種味道品嚐了。

“松魚頭，草魚喉，鯽魚鱗”，古早的一種飲食流行語，道出了食材最好吃的部分。松魚頭可以烹製的菜餚太多了，例如紅燜松魚

潮陽秋風嶺水庫

松魚頭焖芋

頭、生炊松魚頭、豉椒松魚頭、剁椒松魚頭、松魚頭煮白菜、松魚頭芹菜豆腐湯等。今天與大家分享松魚頭的若干烹製方法，或許你在家也能烹幾味。

潮菜中有一句流傳的飲食語，“這步，那步，松魚頭焖芋”，意思是説松魚頭的很多做法，雖然都不錯，但還數“松魚頭焖芋”這個菜餚最經典。{ 見 >> P276 獨門食譜 }

住在海邊城市的人，多少受到海洋產品的影響，味覺上總覺得海魚的味道比江河池塘的魚更鮮甜美味，在一定程度上更喜歡海魚。但是當海面作惡，風浪四起時，海鮮貨源也會受到限制，這時池塘水庫的魚類就會受到青睞，松魚、草魚、鯪魚、鯽魚等就會登場。

趁著寫松魚頭，我再寫一味池魚的做法，一味用草魚肉做的品種——芙蓉魚盒。{ 見 >> P277 獨門食譜 }

池塘水庫的魚種類不多，有時候泥土氣息也不好，但它與海鮮有著互補作用，如果處理得當，也不失為人間美味。

馬鮫鯧，究竟好在哪裏

"好魚馬鮫鯧，好戲蘇六娘。"潮汕人喜歡説的一句話，前半句也值得我在飲食一生上不斷思索。這種思索往往會讓我的思緒回到二十世紀六七十年代。那個年代的物資都是分配制和票證供給制，物質上大有限制。

在這種情況下，汕頭的酒樓食肆每天定量供應都是"公價鴨""凍霜草魚"之類。如果發現有馬鮫魚和鯧魚，大家都好像發現新大陸一樣驚訝，用垂涎三尺來形容也不為過。

馬鮫魚，大部都是圓身，褐黑色，魚身無鱗，骨刺少，只有中

馬鮫魚（左）和鯧魚（右）

香煎馬鮫魚

間骨比較粗而已，肉層厚實，油脂偏多。煮的時候魚肉收緊，入嘴偏澀口，但是香氣充足。最好吃的是切薄圈片，撒點薄鹽醃製兩小時後，用慢火煎煮熟後來吃。此時的馬鮫魚還有點嫩，鹹淡適宜，純甘入味。如果以為馬鮫魚的好僅僅是用在煎和煮上，那是太小看它了。

其實，在潮菜中的魚類製品，諸如魚丸、魚冊、魚餃、魚餅、魚麵等都是通過馬鮫魚肉和其他的魚肉製成的。所以當人們談起它是“好魚”的時候，不要簡簡單單認為它只是“好吃”，而且要知道它還具有更廣泛的食材用途，特別是用在魚製品加工的搭配上。

二十世紀七十年代，我曾經和師兄弟蔡培龍、魏志偉、張淑林先生合作加工過魚丸、魚餅，所以非常清楚馬鮫魚在加工成魚膠過程中的作用。我認為採用其他魚肉來加工成魚丸、魚餅，它的膠原質黏合力可能會差些。但是，馬鮫魚肉加入後會讓魚製品更有黏合力，且味道更鮮。在當年，也有鶴鰻、那哥、紅口、淡甲、春隻魚的加入，與馬鮫魚肉混合製作加工成魚丸。

寫一點製作魚麵的過程。魚麵是利用馬鮫魚肉通過拍、壓、切而做成的，"好魚"馬鮫做成的魚麵搭配新鮮蝦仁，盡顯潮菜風味。

{見 >> P278 獨門食譜}

此等炒魚麵絕對是經典的潮汕風味，原惠來縣和沿海一些地方做得最好，如今卻是難找了。

與馬鮫魚被同時稱為"好魚"的，還有鯧魚。鯧魚的品種很多，從東海至南海海域都有，而且產量也比較高。潮汕地區對鯧魚有多種認識判斷，最出名也是價值最高的應該是"斗鯧"（中國鯧），重量大的 2–3 斤，其他小一點的統稱為鯧魚，有金鯧、粉鯧、烏鯧和流鼻鯧等。

鯧魚在潮汕人心目中也有舉足輕重的地位，其扁身，肉無骨，鮮味十足，入嘴軟滑而不膩，肉身不緊不鬆也不柴，算是品質中規中矩的魚類。當然，也有人認為，單純從魚肉鮮甜和柔軟甘滑上來説，比起其他魚的口感，鯧魚還稍差些，達不到味覺上的"好魚"。

我一直在尋找鯧魚作為"好魚"的理由。烹調一生的我，忽然覺得應該從另外一個角度，特別是烹調做法上去判斷，諸如煎、煮、炊、炆、炸、燒、酸甜等，如果放在鯧魚身上，便是可以隨心所欲地烹飪了。

下面，我把一些烹調做法寫出來，看看是否符合這一論點。

一、乾煎法。鯧魚，不管大小，不管在酒樓或者在家庭裏，不管是廚師還是家庭主婦，他們都能在不加入任何調料的情況下，把鯧魚煎得酥香，而且魚肉不散。在烹調技法上更是有乾煎、濕煎之分。乾煎外皮酥香，肉質鬆甘；濕煎魚身內外嫩滑鮮甜。

酸梅肉絲蓋炆鯧魚

二、半濕煮法。把鯧魚切塊，配以薑絲、芹菜、豆醬，可以是一味豆醬煮魚；配上吊瓜、冬菜，則是一味鯧魚煮吊瓜。

三、炒法。把鯧魚兩片肉取出，切成細塊，配上芹菜、香菇、馬蹄片、鰈魚塊、南薑麩，則是一款生炒魚蓬。

四、炆法。鯧魚不管切塊或整條，配上蒜頭、肚肉、香菇、紅辣椒和腐竹，即成一味紅炆鯧魚。

在烹調上，鯧魚真的是百變。配上薑絲、芹菜、香菇絲、白肉絲、紅辣椒絲便是一味淋料炊法的鯧魚。如果配上菜脯條、香菇條、白肉條和紅辣椒條，調入味料後蓋在鯧魚身上去炊，叫作蓋料炊鯧魚。

如果把鯧魚通過油溫炸至金黃色，然後調上菠蘿絲、香茄絲、吊瓜絲、瓜丁絲、蔥絲做成的糖醋酸甜汁，即是一味“五柳鯧魚”。囉囉唆唆，在結束寫鯧魚之前，送上一味酸梅肉絲蓋料炊鯧魚，供大家借鑒，興致起時，隨手而烹。**{ 見 >> P278 獨門食譜 }**

金龍魚

金龍魚的崛起，證明了老一輩人“三十年河東和三十年河西”“風水輪流轉”的正確説法。金龍魚，學名黃花魚，大至十多斤，魚肚內有一鰾，曬乾後稱為金龍魚鰾，可入菜，也可做藥用。由於魚鰾被勾起，其魚身價值便沒那麼高了。

小的時候，聽老一輩人説，金龍魚多時，通街塞巷都是，特別是海邊漁民，他們都把金龍魚當成魚飯吃。由於金龍魚本身的魚肉比較淡味，加上魚鰾被勾走，便也沒人説金龍魚是好魚，其價位也相當便宜。

過去在潮汕，有一種捕撈金龍魚的手法叫“卡罟”，傳説是漁民們用一支木棍敲打著一塊特製的響板，發出陣陣響聲，讓游在海裏的金龍魚暈頭轉向，浮上水面，因而被圍捕了。出現這種情況，是因為金龍魚頭腦內有一塊魚石，聽到響聲會頭暈，自然無法逃離。是不是這樣，現在也不去深究了。又聽説因“卡罟”發出的響聲，聲波影響軍用雷達而被禁止了，金龍魚一度在市場上少之又少。

泰國僑領藍建寧先生在二十世紀八十年代經常來往汕頭，住在鮀島賓館。每一次到來，我們都要安排幾味家鄉潮菜讓其品嚐。他特別喜歡吃金龍魚飯，於是每次我們都會為他準備一條金龍魚。

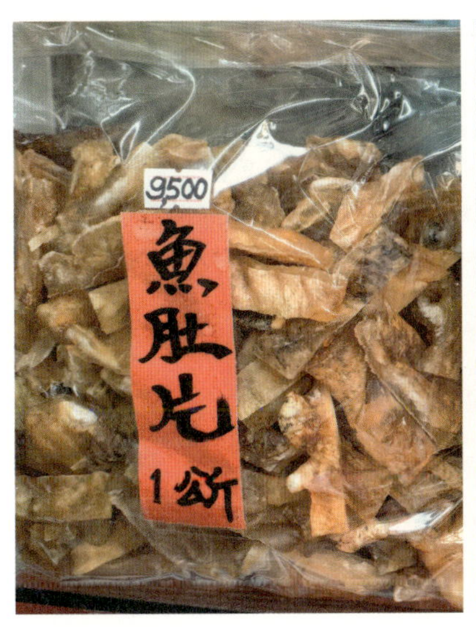

金龍魚鰾

那時候金龍魚在市場上還是比較容易購買到的，價格和其他魚類一樣，不算貴，也不顯得特別。金龍魚肉身比較潔白，煮熟後魚肉呈現乳白色，嫩滑鮮甜偏淡味。過去因為其魚肉鬆散，口感偏淡，潮汕廚師並不怎麼喜歡用牠做菜，有時烹飪，也只會用在酸甜上，其他做法並不顯眼。

斗轉星移，物稀為貴。現如今，海域中的野生金龍魚在產量上日益減少。忽然有人發現金龍魚特別好吃，鮮甜嫩滑，於是把它的價格推高了。特別是近幾年來，隨著大家對魚膠的認識加深了，認為金龍魚膠也是不錯的膠原蛋白，吃曬乾的不如吃鮮的，於是只要有野生金龍魚出現，即刻被搶購，在你愛我也愛的情況下，價格自然水漲船高了。

浙江、上海一帶的人喜歡金龍魚，商販更是以此牟利。潮汕漁民在海上捕得數尾金龍魚，便被收購到浙江、上海，使得家鄉汕頭金龍魚奇缺，於是價格一路走高。記得幾年前，野生金龍魚一斤價值幾千元，想吃一條兩斤左右的野生金龍魚，竟然需要近萬元。

金龍魚真的貴了。

還是來談一談關於金龍魚的一些做法吧。

二十世紀八十年代我曾經去過香港，在南北行十字路口處有一酒家，名叫天發酒家，是潮商陳潮文先生的家族創辦的，始於二十世紀三十年代。許多潮菜在香港天發酒家做得紅火，其中有一味金龍魚煮芹菜，非常了得，吃後讓人印象深刻，我至今忘不了。

記得他們是這樣煮的：新鮮的金龍魚開膛去腮，洗淨切小塊，

芝麻燜魚鰾

小芹菜切段，嫩薑切絲；燒鼎下油，將金龍魚塊下鼎熱煎後注入滾水（一定要滾水），讓魚湯化成乳白色後才下薑絲、芹菜、魚露、味精，調味即好。此做法簡單，卻是潮州菜中烹煮金龍魚的最佳辦法，其特點是肉嫩口感鮮美。

1982 年，我在鮀島賓館廚房工作。那時候，除了金龍魚容易尋得之外，金龍魚鰾也很多，都是江、浙一帶的人拿來賣的，因此我們經常拿來做菜，用油發讓它膨脹，然後用溫水清洗掉油污，漂洗乾淨後作為燜菜出現。

説到此，我介紹一味芝麻燜魚鰾。對普通的家庭主婦來講，此菜餚可能難以上手烹飪，但至少能理解廚師們的辛苦。{ **見 >> P279 獨門食譜** }

黃跡魚

黃跡魚，學名黃鯽，一種嬌小而身段薄扁的魚，剛捕撈上來時魚身金燦燦，但是存活率太低，加上相互摩擦，身上痕跡特多，因此才被稱為黃跡魚。

黃跡魚還有另外一個特點，牠的骨刺又多又密又細，許多人不懂加工烹製，吃時扎舌，令人生厭，故而牠一直處於海鮮食材的低價位置。

也有一部分人喜歡牠。如果用慢煎的方式，肉脆骨酥，慢慢嚼時香氣飄出，佐味小酒特別過癮。有趣的是，當你把煎熟後的黃跡魚從尾巴抓起，輕抖幾下，馬上會肉骨分離，其骨刺極度整齊，非常好看。

潮菜名師羅榮元先生説過一句話叫“冬圓夏扁”，指的就是像黃跡魚一樣薄扁的魚，夏天特別鮮美。每年四月後汛期一過，即將轉夏，薄身的黃跡魚也將進入特別好吃的時間段。

是啊！這是自然規律。回想往事，我的母親喜歡用黃跡魚蘸上麵漿來炸，香氣特別且持久留香，讓我難以忘懷，今天我把它寫出來，可續客好。{ 見 >> P280 獨門食譜 }

炸脆漿黃跡魚

佃魚翻身

烹調的世界真的如此奇妙。如果你不思也不想，原始的東西就會永遠不變。佃魚本身肉質柔軟，一不小心魚肉就會鬆散而影響美觀。汕頭六星級餐廳的俞師傅在鐵板上做文章，把佃魚放在平面上慢火煎至外酥裏嫩的特佳口感，撒上少許鹽花，淡淡的鹹味把九肚魚的鮮美突顯出來，想想真是絕了。

全身鬆軟的佃魚

炸菠蘿豆腐魚

當大家發現佃魚可以被開發出多姿多彩的品種時，牠的品位與價位也相應提升了。一直處於底層的佃魚上升到了搶手的位置，真的翻身了。

佃魚，學名龍頭魚，淺海水面魚類，收穫旺季應該是 8–10 月，潮汕地區把牠當成夏季至秋季的季節性普通魚類。佃魚肉質鬆軟，魚肉含水量多，營養價值不高，作為食材牠一直處於邊緣，但有著特別的鮮味。

近年來，飲食業的從業者在文化程度和知識面上，都要比以往提高不少。知識豐富的表現，更多是體現在菜餚的出品上。他們能把一些過去想不到的菜餚，通過知識去提高，去變化。比如上面所説的鐵板佃魚，就印證了這一點。

潮汕人家最熟悉的煮法是用粉絲煮佃魚、鹹菜煮佃魚、冬菜粉絲炊佃魚、普寧鹹麵線煮佃魚。在與這些食材搭配時，必須去頭及腸肚，一條改為兩段或三段。用魚露醃製十分鐘左右，使其在烹煮過程中收緊肉身，乃至帶有輕彈性，讓口感更舒服。

隨著時間的推移，佃魚的做法也有了突破性變化，比如根據香煎蠔烙的原理改成香煎佃魚烙，隨後又不費力氣地和絲瓜混合起來，烹製成“煎佃魚絲瓜烙”。

佃魚不僅煎起來可口，炸起來也毫不遜色。佃魚通過起掉魚骨，醃製後能炸成椒鹽佃魚。這道菜可以掛上濕麵粉衣炸至金黃色，也可以拍上乾粉炸至皮脆裏嫩的口感。撒上椒鹽粉的時候，有一股椒香味穿鼻而過，口感上極度舒服。當然，還有一味炸菠蘿豆腐魚，更是嫩滑與酥脆互動。{ **見 >> P280 獨門食譜** }

廚師想像力與能力的發揮，讓長期以來處於底層的佃魚翻身，成為搶手食材貨，你還有其他奇思妙想嗎？

拚死吃河豚

河豚魚，潮汕人稱之為乖魚，好吃人人皆知，然而好吃的河豚有時候也會因加工處理不當而傷及食客。因而説到吃河豚魚，汕頭人有一些不成文的規定：舊時，酒樓食肆是不為客人加工河豚魚的；煮熟後的河豚魚放在桌上，誰也不會邀請誰去吃，想吃的人都是自己舀，出事了自己負責。也因為有這些規矩的存在，人們在嘗鮮時往往會弄出許多笑話。

説一件現實版趣事。達濠在過去是重要的漁港基地，經常有一些海鮮漁獲在市面上購銷，因而烹煮海鮮也特別多，當然免不了有許多河豚魚。有一次，好朋友尼金星先生帶著妻子、丈人前往達濠吃河豚，店家把河豚煮熟端上來，當老丈人拿著筷子準備吃乖魚時，卻被尼金星先生制止了。尼金星先生因怕出事，説讓他的老婆先吃。話剛説完，老丈人愣住了：你的老婆不是我女兒嗎？丈人想著，也只能是笑著搖搖頭，真是一位傻仔婿。

2018 年 3 月的某一天，我和一群朋友聚集聊天，忽然聊到河豚魚，大家都説河豚魚的肉質非常好吃。坐在一邊做水產生意的汕頭市龍平公司經理鄒楚平先生開口説話了。他説，河豚雖然好吃，但不能隨便吃，特別是在 3 月和 4 月，這個時候河豚懷卵了。一眾朋友聽

曬河豚乾

後，有一些不理解。經過一段時間思考後，我覺得可以用兩個方面來解釋：

一是因為很多魚類都是選擇在春天交配、懷卵，一般都是在春天產卵，有一些魚類還需要聽到春天的響雷才產卵，如鯉魚。此時懷卵的魚類，出於保護自己和衍生後代，會使出渾身解數，如潛、溜、躲、游，包括噴射黏液和毒素。河豚魚也一樣，在懷卵期間，身上的毒素明顯高於平時，若此時吃河豚魚，中毒的概率極高。由此我非常認同鄒楚平先生的説法，他畢竟是饒平縣海邊的人，有這種經驗。

二是因為河豚魚本身在懷卵時期也比較瘦弱，營養相對缺失，因此味道上偏差，這是一切生物的生理特徵。這是季節性循環的要求，因而河豚魚在春天不宜食用也合乎邏輯，純屬正常。

那麼河豚魚什麼時候好吃呢？個人認為，一般是在進入夏季時，河豚魚經過產卵生殖，自身營養需要迅速得到補充恢復，在一段時間後，河豚魚本身才開始長膘肉，此時最鮮美。

適季河豚魚的肉質肥美而鮮甜嫩滑，非常可口，因此吸引了許多人前往品嚐。然而，河豚魚本身含有一定毒素，不小心或者烹煮上因操作不當，都會讓一些愛好者中毒，甚至有生命危險。民間都明白鮮味的河豚魚讓人愛恨兩難，故此才留下了一句“拚死吃乖魚”的話。哎！真是好看的玫瑰花都帶刺啊！

按照我本人的認知，河豚魚應該分為兩大類：一類生活在海洋中，一類生活在江河中。江河中的河豚魚我沒烹煮過，也沒嘗試過，不太了解牠們的烹煮法。在潮汕沿海有一種皮部上有青色的河豚魚（青乖魚），在適季的時候，沿海還是有人煮著吃。

潮汕的不同地方，有多種不同的烹製方法。按我的理解和看法，它們都各自有其味道特點。

達濠漁港人烹製海中的河豚魚，喜歡用炆煮的手法，在鮮味飄香時再加入芹菜、蒜仔，鮮味完美無缺。還有一種做法和魚飯一樣：把河豚魚刮去腸肚後擺齊，撒上幾粒海鹽，蒸熟晾乾，吃起來味鮮甘甜。

潮陽縣海門漁港人喜歡用一款潮式辣椒醬去煮，鮮紅色的湯水帶有微辣的口感。雖然肉質鮮味不變，但辣中帶鮮的味道在潮汕人看來還是有點怪怪的，本人並不欣賞這種做法。

最值得稱讚的是一款用雞湯煮的河豚魚，肉嫩味鮮甜。每年八月左右，有位好友總會帶著一鍋用雞湯煮熟的河豚魚來到東海酒家，和朋友們共同品嚐。我當然也是品嚐者之一。

我是飲食人，試著將河豚魚浸煮雞湯的方法做一次介紹：

一、當季適合吃河豚魚的時候，選河豚魚是關鍵。入秋後，是河豚魚最肥美的時節。河豚魚每一條應在25克左右為佳，太大的魚，肉質相對比較柴，感受不到口感上的嫩滑，而太小的則身上沒有什麼肉。

二、加工河豚魚，除去腮及腸肚尤其重要，特別是取河豚魚的魚肝時要特別小心。肝的旁邊是膽囊，一定要小心去掉。血筋網絡要盡量挑剔乾淨，烹煮才能放心，吃者也才能安心。

三、浸煮的雞湯一定預先煮好，湯鍋要放入竹箅墊底，隨後才放入河豚魚，同時調入少許精鹽、味精和薑、蔥。這樣浸煮出來的河豚魚，絕對湯清肉嫩，兩個字：鮮甜。

在民間當然還有很多傳説。有説煮河豚魚不能黏鍋，黏鍋了影響到魚的本質，同時也會改變河豚魚的結構，會產生有毒成分。

哎！世界上的河豚魚究竟有多少種類，肯定有人統計過，但是我不知道。我只清楚每年在旺季時，有人在享受著美味，也有人為之付出代價。

只能告訴大家，謹慎！謹慎！

有一對夫妻想嚐河豚魚的鮮味，煮熟後誰都不動筷子，在相互推讓下決定抓鬮。最終是丈夫抓到“先吃”，筷子還未動他便哭著説如果他吃後因中毒而死，希望她不要改嫁。説完後才發現煮熟的乖魚不見了，原來已被他妻子端出去倒掉了。

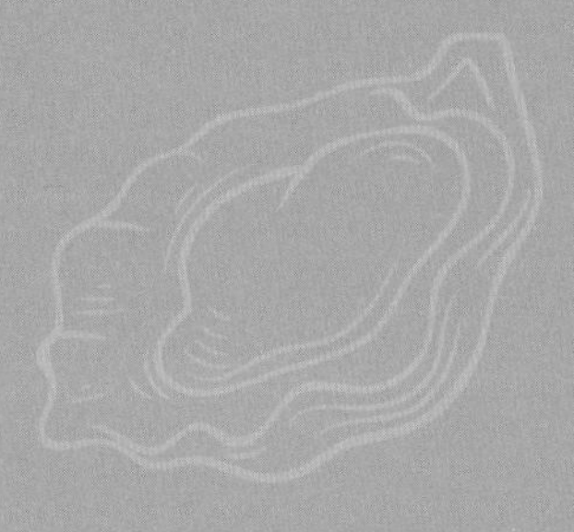

"鮮"從江河湖海來

儘管你橫行

風靡一時的潮味菜餚“豆醬焗蟹”漸漸被冷落，回歸到理性的烹飪中來了。當然，理性中應該能夠把“豆醬焗蟹”烹製得更好。

不可否認，大膽嘗試者的努力是應該受到尊重的，但值得商榷的地方太多了，諸如豆醬的鹹味太重，焗製過程中油的分量過多，等等。很多時候想吃蟹的鮮味，這主要體現在純味的蟹肉之中。有一位朋友曾經跟我說，吃過很多做法的螃蟹，味道最純最鮮的還是清蒸。

他説道，雖然什麼添料都不加，但那種來自海洋的鮮味是任何食材都不能替代的。蟹肉鮮甜，蟹膏甘香，螃蟹用這一種單純吃法最是完美。

蟹的潮菜做法，比較值得介紹的有三種。

一是原隻炊蒸或者原隻熻（焗）。潮汕人（特別是海邊的人）在吃螃蟹時候，喜歡整隻放入鼎中熻。撒上幾粒鹽，放上兩條蔥和一片薑，用一點水帶出蟹汁，在逐漸收乾水分的過程中，有海水氣息的蟹味便飄出來了。熻的做法，也充分體現了海洋飲食文化的特徵。

二是斬件炊蒸或者釀合炊蒸。酒樓食肆在處理螃蟹時，有時候喜歡賣弄玄機。雖然處理方式上還是符合衛生條件和所謂吃相文雅，但是斬件蒸熟的蟹已經讓食材的原味失去了一部分，有點可惜。最不

炸黃金蟹捲

可思議的是，用螃蟹帶殼做另外一種品味的菜餚，如釀金釵蟹、釀如意蟹、釀鴛鴦膏蟹等。這種做法為了迎合酒席的性質而刻意改變食材的品性，弄得失去真味，又不貼切。但是很多酒樓和廚師仍會去認真烹製，因為這些菜餚有其市場上的需求，特別是在生日和婚慶宴席上。

個人認為最不可取的是用蝦膠、肉蓉之類包住蟹，蟹又帶殼，吃時非常麻煩，所以我長期不做此類菜餚。我認為廚師的功夫只有體現在對食材的理解、提升味道和改進食材結構上，才是好功夫。

三是拆肉獨立出品，或者搭配其他食材出品。用蟹來拆肉的手法，體現廚師的技術上升到另一個層面了。蟹肉的延伸菜餚品種會體現出無窮盡的遐想。用蟹肉和蟹膏，可變幻式地做出諸如乾炸蟹塔、乾炸蟹盒、乾炸蟹棗、炸黃金蟹捲、蟹肉炒翅、蟹肉燕窩、蟹肉白菜

等品種，讓蟹的能量發揮得更淋漓盡致。{ 見 >> P281 獨門食譜 }

如此高端的菜餚品種出現在酒樓上，可視為飲食文化提升到另一個檔次的徵兆。其鮮味更突出，甘香的原汁原味更完美滲透到各種食材的搭配上。以下詳談其中之一。

天地造物，豐富多彩。海洋中的蟹，就有肉蟹、膏蟹、紅蟹、梭子蟹、三目蟹、冬蟳等。當然，還有很多未能羅列的蟹流之輩。然而還有一種與眾不同的蟹，讓很多文人墨客為之賦文吟詩，卻是生長在內陸湖泊中，既能自然生長又能大面積養殖，牠，便是大閘蟹。

最了解大閘蟹的，應屬江浙一帶的人，他們對大閘蟹首先是崇拜，然後是喜歡。對一隻大閘蟹的產地、體重和公母之分，身上有沒有金毛腳爪等知識，他們了如指掌。大閘蟹的蟹黃是清香型還是濃香型，他們能如數家珍，讓你感歎！

“秋風起，三蛇肥，膏蟹赤”。一句季節性食材的流行語，點出了季節對食材的重要性。大閘蟹就是這種季節性食材的代表。秋季來臨，先吃母後嚐公的規律不破。

在吃大閘蟹這一方面，江浙人吃一隻大閘蟹可用去一個小時的時間。他們都是對付大閘蟹的高手，獨有的刀槍劍戟全套齊，慢挑細揭，唯恐把肉漏，黃酒薑茶不忘卻，舔舌酌味領悟其精神，絕對是他人學習之榜樣。潮汕人看後驚呼：江浙人真是有文化。

潮汕人也聰明，大閘蟹的吃法比不過，不怕，我們就靠醃製出彩。通過多種手法殺菌消毒、助香、提鮮，把一隻大閘蟹醃製得另有一片天地。冰鎮大閘蟹讓你吃後魂不附體到處尋覓，大家都戲稱它像“毒藥”一樣，讓人著迷了。

天將降大任於斯人，阿拉斯加蟹（潮汕叫蜘蛛蟹，其形似蜘蛛

阿拉斯加蟹

緣故吧）像大將軍一樣從大洋彼岸闖入中國市場來，徹底擊敗了曾經支撐潮汕市場的澳大利亞皇帝蟹。皇帝蟹的壽命太短了，如曇花一現。雖然大家都對其質、其量表示滿意，但是當食客們都覺得牠的價位還有待商榷的時候，牠卻已經悄然退出中國舞台，被阿拉斯加蟹所取代。

在很多年前，汕頭市場上出現台灣海霸王的一款凍品食材，叫蟹柳。它出沒於火鍋和餐廳的小炒上，讓很多人爭相品嚐。嚐後才知道不是真正的蟹腳，只是一種仿海鮮製品。雖然證實是人造品，但這麼長的蟹柳腳真的有嗎？存疑多年。直到阿拉斯加蟹的出現，打破了我多年的疑惑——海霸王的蟹柳雖是人造的，但模仿得法。

我去澳門玩樂，在協成火鍋店打邊爐，要了一隻阿拉斯加蟹，店家為我們安排了烹製二味，蟹腳在邊爐焯吃，其鮮甜自不在話下，而蟹身通過剁塊後加入芝士去烤爐焗。焗好後端出來，乳香撲鼻，讓人食指大動。

芝士的乳香氣味在中餐菜系中是極少出現的，我的味覺愛好一直有偏差，對芝士的味道有抵觸情緒。但當澳門協成火鍋城的芝士焗阿拉斯加蟹端出來時，其色澤和味道讓我徹底妥協了。由此，這種做法也被我留在心裏。

阿拉斯加蟹在汕頭海鮮市場出現，我便借鑒澳門協成火鍋城的做法，用潮菜的烹飪功夫重新出品。介紹“阿拉斯加蟹三味”給大家，尋吃時請記得還有此等做法。{ **見 >> P282 獨門食譜** }

任何菜餚都是無區域性的，更無國界，“你中有我，我中有你”的格局已經遍及各地，固守一方的食材不能體現飲食的交流和變化，我更願意普天下食材大流通。

蟹，真若橫行時，我還喜歡你！

朋友送來一隻大肉蟹，一個大紙袋裝著，肉蟹放在裏面，我趕緊拍照留念。由於受捆繩之縛，一貫橫行之物卻也無法動彈，任由你擺佈，左右擺拍，牠的鉗爪也只能仰身屈繞之，真實是可惜又可愛。

肉蟹在潮汕沿海一帶，是常見的海鮮，在潮菜的烹飪菜餚中有清蒸、煮湯、薑炒和拆肉等。其味清鮮甘甜，營養非常豐富，含蛋白、脂肪、氨基酸和多樣維生素，可補虛助氣兼補鈣等。因而此類肉蟹在市場上一直受到歡迎。殊不知，受歡迎程度越高的海鮮食材，就越會受到更特別的“禮遇”。譬如肉蟹，捆綁的繩子，就從原來最簡單的幾根稻草，升級到如今的塑膠繩。

我曾經非常生氣地説，賣肉蟹者為何要如此捆綁呢？用大捆繩

牛田洋膏蟹

來增加蟹的重量，有意思嗎？賣蟹者説這是市場規律決定的。你若不捆大草繩，消費者會認為你的肉蟹貴得難以接受，因此用大草繩縛之，其單價自然下降了。真不知道此等道理是從哪裏來的。

閒著沒事，談談肉蟹上的草繩是怎樣演變的吧。

二十世紀六十年代，每年六、七月青肉蟹當季，捉蟹人用一種交义竹繫著一張細網的蟹弓去捉蟹。他們在蟹弓裏面放上蚶殼，蚶殼內裝熟椋之類來吸引肉蟹，在水漲水落時收取蟹弓，發現有肉蟹便捉住往筐裏放，再拿到市場去賣，因怕購買者被蟹鉗夾著，賣蟹人才用一根非常細條的稻草繩將蟹捆住。

七十年代後，市場上的生意人發覺捆稻草繩的肉蟹居然能讓人接受，而且在購買時也無異議，最多只喊一句錢要算減一點，並不影響一切交易。

久之成習慣，習慣成自然，又再加多幾根稻草，因而大捆稻草繩便漸漸形成了，後來成為約定俗成的捆綁模式。

八十年代，因改革開放，物資需求漸漸增強，酒樓食肆對海鮮的需求量也越來越大。肉蟹是受到青睞的食材之一，市場需求量大，就有利可圖了。因而被捆大了的稻草繩有的摻沙了，生意人把重量的砝碼放在草繩上而不是放在肉蟹身上了，真是可悲！

九十年代，捆蟹的稻草繩在不知不覺中被一種紅塑膠絲繩取代了。這種繩，最初是用來捆綁大紅蟹的。潮汕人的仿學能力極強，馬上用紅塑膠絲繩來取代稻草繩，並且加大分量來捆綁，既方便又免掉浸稻草的麻煩。

我對肉蟹，包括其他蟹類，都是愛恨交加，愛的是牠肉鮮味甜甘醇，恨的是牠的殼肉難取捨，咬傷牙齒刺破嘴唇才能吃到丁點蟹肉，真是有點難為。不怎麼關注，自然對肉蟹的草繩類演變也就不關心，只因今天的大肉蟹才想起，藉此機會把肉蟹就著薑蔥給炒了。

{見 >> P283 獨門食譜}

薑蔥炒肉蟹

閒說大閘蟹

把大閘蟹消毒後加料醃製，放入雪櫃微凍後其肉身緊縮，蟹黃凝固，此時經過修剪，配上潮汕辣椒醋來品嚐，一定是欲罷不能的感覺。大部分汕頭人把大閘蟹這種醃製稱為生醃。

潮汕人，特別是沿海一帶的人，對醃製一些海鮮貝殼類情有獨鍾，每每消夜時，約上三五好友上大排檔或食肆，都必點此類醃製，送上啤酒，送上白粥，大呼好吃。

近幾年來，各路大閘蟹的信息不停刷屏，特別是介紹用十年的花雕去醉陽澄湖大閘蟹，把大閘蟹的蟹蓋掀了，掰成兩塊，露出滿滿的蟹黃誘惑你，從照片上看肥油滴滴！

1984 年 10 月底，我去香港考察飲食，從深圳羅湖過關，坐火車直奔九龍紅磡火車站。接待人余錫霖先生把我們帶出車站大廳，只見路面上樓宇林立，各式廣告牌倚掛牆上，琳琅滿目，直把我們看呆了。我被一幅陽澄湖大閘蟹天天空運到港的廣告宣傳牌吸引了，一隻紅透了的大閘蟹吸引著過往旅客。說實話，那是我第一次看到陽澄湖大閘蟹的廣告，在此之前我只是從一些飲食書或雜誌上了解過大閘蟹，而且在記憶中也是片言隻語。

當晚，接待我們的人帶我們去到一家海鮮酒樓嚐試了花雕酒醉

大閘蟹

蝦、菊花蛇羹、人蔘燉石斑魚，同時又特別要了幾隻陽澄湖大閘蟹讓我們嚐試。初次品嚐，一副不知所措的表情，按照店家的指引吃法把大閘蟹吃了。當聽到他介紹説每隻大閘蟹的價位是 80 港元時，我頓時心裏一緊，眼睛一瞪，用難以置信的眼神望著盤中的大閘蟹。

當年我的工資、獎金加起來一個月才 80 多元，這隻大閘蟹是我一個月的工資！懵懵懂懂地第一次嚐到了大閘蟹，什麼味道，怎麼吃的基本都忘了，好多次想把它從記憶深處拉回來，卻拉不回。倒是想到一句“三代富貴方知飲食滋味”的名言，覺得單一次品嚐大閘蟹，豈能明白其味之道理所在。

如今，各路大閘蟹闖入潮汕人的生活已經有十多年了。與其他地方一樣，大閘蟹按隻論兩計價核算。特別是近幾年來爭相冠上陽澄湖的名片，以博得顧客青睞，賣個好價錢。

在大潮汕各地的酒樓食肆中，除了用醃製手段來醃製大閘蟹之外，大閘蟹的其他烹製法也相繼發揮，潮菜師傅爭相用最好的烹製方法來完美演繹大閘蟹。近幾年來，潮汕人學著蘇、浙、上海一帶的人吃大閘蟹。原隻清蒸，放上薑片、紫蘇葉，再配上紅糖薑茶。吃一隻大閘蟹須配上三件頭、五件頭的“刀槍劍戟”，而且慢挑細揭，口中還唸唸有詞，費掉一小時的工夫，讓你大開眼界。

記得 1993 年的東海酒家，客人帶來了幾隻大閘蟹。當時誰都未曾烹製過，廚房傳話來，問該怎麼烹製為好。我不假思索地回答說：

清蒸大閘蟹

“焗，用砂鍋焗，像焗豆醬雞一樣，只不過不要加入豆醬。”於是乎，在上下各一片肥白肉的覆蓋下，幾片薑、蔥、芫荽支配，少許上湯和調料醬注入，讓氣體飽和貫穿整個砂鍋。近 20 分鐘的伺候，大閘蟹熟透了，收乾水分，揭蓋時淡淡的煎焦香味撲鼻而來。

當晚客人嚐味後大加讚賞，只是說了一句玩笑話，“吃後手指還肥油著，帶回家吮吧，不要浪費。”我笑笑說道，“美味與肥手指一定是共存的。”汕頭市東海酒家第一次烹製大閘蟹竟然是用砂鍋焗製的方式完成的，且獲得好評，因而我一直記於心間。

事實上，在那個年代，大閘蟹還真的未進入潮汕人的視線，很多汕頭的酒樓食肆的廚師也未曾烹製過。許多人還不知道有大閘蟹此等湖泊食材。這不奇怪，潮汕沿海的人長期以來目光只停留在海鮮蝦蟹等海產品上，極少注意內地湖泊的大閘蟹以及河鮮。

如今大閘蟹的擁有量逐年增多了，開發大閘蟹的烹飪菜餚也多了，單一清蒸方式已被很多烹調法取代了。取蟹肉、蟹黃獨立烹菜，大閘蟹之味就這樣無限綿延下去。

“掠”薄殼

“早東晚北，牽罾魚鮮薄殼。”這是一句潮汕老話，説的是在入秋時節，早晨起來感受到的是微弱的東風，而入夜後，涼絲絲的小北風撲面而來。這時節，牽罾（拖網的意思）的魚及薄殼又肥乂鮮甜。簡單幾個字的潮汕俗話，言簡意賅地道出了烹飪食材在什麼時節謂之當季。

薄殼，俗稱“海瓜子”，學名叫“尋氏肌蛤”。貝殼類，外形像瓜子一樣，有點小彎且圓身，一頭偏大，一頭偏小。因其殼身過於薄且易碎，所以在潮汕地區，有“薄殼”之稱。

過去，餐廳或者飯店服務員大都文化水平偏低，鑒於薄殼的發音和潮汕人説到的“駁殼手槍”一樣，所以當客人點菜説要來一份炒薄殼時，服務員會把炒薄殼寫成“炒手槍”，這樣曾經成為一個笑話。由此在一些排檔食肆的店中，如果你發現菜單中有“炒手槍”這一菜餚，也不要覺得奇怪。

薄殼絕對鮮美，對潮汕人來説，這種鮮味是毋庸置疑的。每年一到薄殼季節，潮汕人都會爭相嚐試。如今，薄殼被迫過早上市，未到真正當季盛產之時，人們為了早一點嚐鮮，便從幼小的薄殼苗吃起，雖然先吃為樂，但卻未必能夠品嚐到真正意義上的薄殼味道。

採收薄殼

我認為，這種吃法不符合中國飲食文化中“不鮮不用，不時不食”的觀念。從大環境來說，任何資源過早及過量開採提取，必定影響其成長及存留。鮮薄殼也一樣，牠生長在潮汕沿海一帶的海泥土中，幼苗到長成和收穫大約需要三至四個月，所以不宜過早採摘。再加上隨著沿海開發，可養殖的海邊灘塗越來越少，久而久之，消失的可能性便增大。實話說，我很擔心這種鮮美的物種會滅絕。

“掠”薄殼是一項苦差，如今肯幹這一行當的人越來越少了。寫到此，我突然想起年少的時候，也曾經到海邊掠薄殼。十多歲時，我家住在大華路段，那時候很多家庭都會養幾隻鴨仔，飼料是一些粗糠和下腳菜尾（多種剩餘食材混合烹煮的雜燴）。我們一群鄰居兄弟偶爾會相約到老汕頭飛機場尾的海灘去偷掠一小筐小薄殼仔來飼鴨。

背上飯篾，沿灘塗往海裏走至齊腰深時，感覺到腳底泥有微刺感，便知此處有薄殼。這時候蹲身彎腰用手在泥土底連泥帶藤蔓繫殼一起撈起，放在隨身帶的飯筬上，用力洗去泥土，讓薄殼露出真身，然後帶回家飼鴨仔了。

青少年的一些行為，回想起來，雖然仍覺得有趣，但是偷掠之舉切不可學。這故事，只是從側面反映出“掠薄殼”的辛苦，想必現在的年輕人不願意去幹這一行。

潮汕地區是薄殼沿海主產區，除了上文提及的海邊灘塗之外，達濠、澄海鹽鴻、饒平大澳等地都是產薄殼的地方。

幾年前，我曾經與幾位朋友到澄海區鹽鴻鎮品嚐薄殼宴。顧名思義，宴席的出品必定以薄殼米為主。經營者每年都會抓住這當季時節，挖空心思把薄殼經營得如火如荼。他們設立薄殼節，吸引愛薄殼的人參加，縱使有爭議的存在，還是應該給予這創意以正面評價。

金不換炒鮮薄殼

根據薄殼宴的誘惑，我也寫上幾味湊熱鬧，分別有金不換炒薄殼、苦刺心薄殼羹、香煎薄殼米蛋、薄殼米金瓜煲、薄殼米腸粉捲、薄殼米西菜粒、黃金薄殼米飯。

烹煮鮮薄殼主要突出牠的鮮味。在潮汕，常見的薄殼煮粿條、薄殼煮南瓜芋頭等菜餚，其湯底是非常鮮美的。當然烹製薄殼的做法還有很多，最經典的菜式首推“金不換炒薄殼”，此做法在潮汕地區可謂家喻戶曉。其次便是“打薄殼米”，美味自不用説，方便吃食才是王道。澄海鹽鴻鎮壯雄兄弟便是以“打薄殼米”作為主打生意，吸引著很多人前往，生意一路壯大。

不得不提出來的是一味鹹薄殼。過去在潮汕沿海各漁村，有醃鹹薄殼的習慣，作為佐食白粥的小配菜，是“雜鹹”的一種。小試的時候雖然感覺鹹口，卻也十分美味。如今很少有人提及鹹薄殼了，為

薄殼製作工場

什麼要醃製鹹薄殼呢？有必要說一下，以便讓今後的人有一點了解，以免這一潮汕雜鹹消失。

本人見解，其原因大致有以下兩點：

一、過去交通不便，旺季產量過多，銷售渠道不暢，積壓時發覺薄殼身上帶鹽花，偶爾小試又感覺不錯，聰明的海邊人由此再加一些鹽去鹽漬，既可存放，也可當雜鹹。

二、舊時的日子很艱苦，會有很多醃製的食材菜式，很多時候也是一個家庭的必備。薄殼可被醃製，自然也和我們平常所說所吃的其他雜鹹小菜一樣，省下飯錢同時又兼顧到味蕾享受。

關於鹹薄殼，或許能帶來一點學術上的研究？若真的有朝一日，文人雅士感興趣了，並致力於此鹹薄殼進行研討，我將十分期待。

日月貝

突然想起牠的貝殼可做日常用具……

我初遇日月貝是在少年時，在米舖看到日月貝的外殼，牠一面是紅色，一面是白色，米舖的人拿來舀米。食用日月貝則是在二十世紀八十年代後。一次，在同益市場口侯丁河先生的大排檔上吃到過。那時候對日月貝不怎麼了解，一切都是模糊的印象，真正認識日月貝的味道則是進入九十年代後。

我曾經聽過老鄰居羅伯講過一個神話故事，説是天上王母娘娘生日，各路神仙前來祝賀熱鬧。有神仙趁機偷情，生得一怪物如圓盤，生怕被發現而惹出麻煩，便把牠扔下到南海去了，此物便是我們所説的日月貝。

日月貝的生長過程很奇怪，取吃是依靠體內的一隻紅色小蟹仔，小紅蟹仔被日月貝體內的一條絲線帶繫著，如尋得食物便回來。日月貝如果失去這隻紅蟹仔便會自然死亡，牠們真是相依為命。

為什麼叫日月貝呢？據説牠生長在海洋，白天用紅色一面吸得日光之焰，晚間則用白色一面吸取月亮之晶，真所謂吸日月之精華也。

日月貝，主要生長在中國南方海域，屬於貝殼類，捕撈後取其殼內的圓柱肉為食用，肉色呈乳白色。我認為日月貝是貝殼類中的極品，蒸、炊、煮、炒都是好味道，味美至鮮，入口有清脆的感覺。潮汕地區地處中國南方海域，是日月貝的主產地，潮汕一帶的海邊人都把牠視為盤中美味。寫至此，必須分享一點日月貝的做法。{ **見 >> P284 獨門食譜** }

鮮嫩的日月貝在蒜香味的襯托下，味道一流可口，蒜頭的加入可降低海水中的澀氣，讓鮮甜味更突出。

事實上，日月貝用來做菜的品種還有很多，“油泡日月貝”也很突出，用在爆炒、脆炸、煮湯上都有著上佳表現。而在眾多潮味烹飪中，我更喜歡用口月貝肉煮成一碗海鮮粥。

簡單介紹日月貝海鮮粥的煮法。一方面把日月貝清洗取肉，把肉平片成 2–3 片。一方面把米放入砂鍋煮，待米粒熟透後，把日月貝肉放入砂鍋，調上幾片豬頸肉片，放上少許冬菜、蔥花、芫荽，加點魚露、味精、胡椒粉，再滴上幾點豬油，即刻鮮味十足，甜味強烈。這是任何海鮮粥都無法比擬的。

日月貝

烹蝦啟示錄

1985 年，我和陳佐才、劉柱志代表汕頭市鮀島賓館去香港考察飲食。第一天晚上，港商總經理余紹森先生的大兒子帶我們去一家叫福滿樓的酒樓吃飯，點了幾樣港式菜餚讓我們品嚐。使我一直念念不忘的，是其中一味叫“醉蝦”的菜品。

酒樓的服務員當著我們的面演示了加工過程：花雕酒 1 瓶，活基圍蝦 500 克，蘸蝦醬料每人各 1 碟。操作過程非常簡單，先把活蝦放入玻璃鍋內，注入花雕酒，以淹至蝦身最為合適。20 分鐘後，活蹦亂跳的蝦漸漸醉了。又取砂鍋一隻，放在堂灼車上，煮開滾水（不能用上湯），薑兩片、蔥兩條，加上少許鹽，然後把醉過的基圍蝦投入滾水中焯熱。這便大功告成。

品嚐菜餚時，最忘不了的是醬碟，“醉蝦”再醉下去也無非是酒氣沖天而已，如果沒有醬碟的配合，便會失去牠最完美的所謂“醉”字。回來後我一直思考醬碟蘸料的做法，覺得有必要把蘸蝦醬料的調製方法介紹出來。

將蒜頭切細粒，辣椒改碎，芫荽剁碎放入碗內，生油燒熱淋入蒜頭粒內，再注入味極鮮醬油、蠔油、味精、白糖，攪拌均勻即成。

飲食天地寬。香港福滿樓的“醉蝦”的做法，掀起了我對蝦在菜餚裏的認知。此後出現的各種蝦的做法，如“火焰醉蝦”“竹蔗炸蝦”“香煎蝦碌”“番茄汁蝦碌”“椒鹽南美白對蝦”等，儘管不知屬於什麼菜系，但口味豐富，我想想都醉了。

那麼，潮菜對蝦類的加工製作有哪些品種呢？

潮菜烹飪大師蔡福強師傅曾經用大明蝦做菜，通過去頭、剝

醉蝦

殼、留尾，用刀從蝦背中間平開去掉蝦腸，再用平刀輕輕拍開，讓蝦肉舒展開來，形成扇形，通過醃製，掛上蛋漿糊後，再撒上幼粒的麵包糠。用乾淨的油熱炸，呈金黃色時撈起。一把蝦扇有如公主扇展於眼前，讓大家稱奇。

蝦在潮州菜中也是無孔不入，無限展現著。從蝦皮至大蝦，從琵琶蝦至大龍蝦，從剝殼留肉的加工至原隻裝的烹製，蝦的無盡魅力淋漓盡致地展現在大家面前。

粵菜把蝦去殼留肉拍成蝦膠取名"百花"，在釀合和搭配其他食材上，是做得讓誰都佩服的。鮮蝦餃、雲吞餃、白兔餃、四喜餃等都離不開蝦膠。

不少潮菜的製作同樣離不開蝦膠，如釀百花魚鰾、釀百花雞、釀金鯉蝦、釀王瓜等。至於蝦在配以其他輔料和調料品上，所呈現的菜餚就更多了，諸如油泡大明蝦、炒黑椒蝦球、芝士焗大蝦、炊蒜蓉大蝦、焗豉油王大蝦、清上湯蝦丸、傳統乾炸蝦棗、炸鳳尾蝦、炸寸金蝦捲、炸家鄉蝦餅等。

在潮式湯餃和煎餃中，雲吞餃和北方餃子中所用的食材都會用到鮮蝦。鮮蝦做菜的實例真是無窮盡。

既然寫潮菜，那必須有菜名，有了菜名，則必須有製作的介紹。以下是兩款以蝦為材料製作的菜餚，跟大家分享。**{ 見 >> P284–285 獨門食譜 }**

齊白石老先生是一代著名畫家，畫蝦是他的個人標籤。他筆下的蝦活靈活現，猶如悠游在池塘溪河裏，遨遊在大江大海中。特別是那種帶兩隻小鉗的河蝦，他畫得更是神似如影，讓人追捧著，喜歡著。

豉油王焗大蝦

翻開蝦的家族譜，種類繁多得讓我眼花繚亂，數也數不清，叫也叫不出的名字。也罷，不管了，暫時把牠們分成兩大類吧：一類生活在江河中，統稱河蝦。一類生活在大海中，稱之為海蝦。

我們今天想說的明蝦（對蝦），便是眾多海蝦中的一種。我曾經仔細觀察過明蝦的曲張游水，牠在水裏蝦體透明，有一點晶瑩剔透，大概這就是牠被稱為明蝦的原因吧。

明蝦主要產季是每年農曆九、十月，此時捕撈明蝦，產量極大，體積也大，每斤大約都在 5 尾（隻）左右。沿海漁民會根據捕撈量，安排一部分日曬，並且選用一部分兩兩對稱而插，曬乾後成蝦脯，一對對，極度好看，大家便稱之為“對蝦”了。

說到蝦脯，我想起了名菜“冬瓜扣明蝦”。它選用的食材便是對蝦脯。這道菜應該是潮菜古早味，環顧各家食肆，如今已經不見烹製了，或許已被遺忘。思索下，我覺得應該把它的做法寫出來，你學不學都沒所謂，能留下便是意義。{ 見 >> P286 獨門食譜 }

白蝦釣狗母

“白蝦釣狗母”這句話，不知道在什麼年代出現，難以考證。按照字面上的意思理解，應該有“以小博大”之意，或許帶貶義，包含著一點鄙視。

當然，汕頭人有可能從另外一個角度去分析，“白蝦釣狗母”也可能是指得不償失。

在我對海蝦群類的認知中，白蝦在過去應該是一類比較差的蝦，主要生活於夏季至秋季近海域的礁石縫上，產量不是特別多。我們都是在早、晚看到撐著小船的漁民，把收穫到的一點小白蝦仔拿出去賣，主要賣給一些低收入者和垂釣者。

狗母魚

白蝦在個頭上普遍細小，白色身段兼著蝦須長和硬殼，含肉量少，因而被準確無誤地稱為白蝦仔。在細心品味下，白蝦仔的肉質鮮味比較突出。白灼後，輕輕剝去外殼，露出一點帶紅的肉，還是挺誘人的。如今有人把小白蝦撒上一撮粉，油炸後，用椒鹽攪拌均勻，佐酒極佳。

狗母仔魚，又叫海豆仁，雖然個體不大，魚身卻圓滾飽滿，在烹調上用乾炸的方式最好，調上適量的椒鹽粉或者醬油、酸梅汁，香氣一定躥鼻腔。如碰到狗母仔魚懷春的時候，香氣更是誘人。

從對比度上，狗母仔魚的價值一定優於白蝦仔，所以白蝦仔才被汕頭人拿去作為釣魚的誘餌。或許是人們去垂釣的時候，並不單純想要釣狗母仔一類的小魚，只不過是每次釣起來的總是狗母仔魚，所以才有這麼一句“白蝦釣狗母”的現實句子。

天地輪迴，物換星移，隨著人類對美食的需求不斷變換，許多生物的價值輪流坐大。比如佃魚，在過去處於低微和底層的位置，如今受到廚師的重視，把牠烹調得多樣性了，味道上也發揮得淋漓盡致，讓牠從底層脫穎而出，也超過許多魚類的價值。再如過去白蝦仔在價值上一直低於狗母魚仔，如今也是受到重視，遠遠超過狗母魚仔。

首先是捕掠狗母魚仔已經無須白蝦仔去作為誘餌了，也有可能是人們對野生沙蝦之類的需求增大，而養殖的蝦類品級上和野生沙蝦有差別，人們對蝦的飲食品位提高了，認為白蝦的鮮甜度比養殖的蝦高，價位上自然而然超過了狗母魚仔，也是合理的。

真是“三十年河東，三十年河西”，“白蝦釣狗母”這一句話在流傳上，已經超出本質上的意義，人們的解讀就不同了。

有趣的蠔事

著名的西天巷蠔烙不知道喧囂了多少年了，曾經響徹汕頭市的任何角落，人們都說它好吃，但你嚐過嗎？事實上，包括我在內的很多人都未曾品嚐過，有的人甚至連它在何處都不知道，但它在過去卻是汕頭人引以為傲的吃事之一。一段時間內，有很多人打著西天巷蠔烙這張老牌的旗號，或者自稱是西天巷蠔烙的後人，把一攤香煎蠔烙的牌子變得複雜化了。然而我清楚地記得，當年學廚快結束時，汕頭

香煎蠔烙

市飲食服務公司要求學員們必須掌握一些地方風味小吃的烹製過程，其中包括煎蠔烙和水晶粿（無米粿）。

林木坤、楊老四是當年主持飄香小食店煎蠔烙的師傅，傳說他們和胡錦興師傅曾經都是西天巷蠔烙的烹製者，各屬於私人攤檔。進入大國營前是公私合營，飲食服務公司為了將這些散於街頭巷尾的攤檔合為一體，故成立了飄香小食店和新興餐室。胡錦興師傅便到新興餐室主持煎蠔烙。

香煎蠔烙或者叫厚朥蠔烙，就在這種體制下被安排入室經營了。記得當年林木坤師傅在教我們煎蠔烙時，要求蠔珠一定大小均勻，搭配的粉水稀稠一定也要均勻，混合攪拌時把蔥珠帶上，也一定要均勻，上蛋液時一定要用鐵勺把它抹平，讓它均勻。他的要求是火候均勻，厚朥慢煎，外酥內嫩，上碟時撒上胡椒粉，跟碟配上魚露。

當年新興餐室的蠔烙是不是西天巷蠔烙的延續呢？後來我才弄明白，真正代表西天巷蠔烙的業主還是胡錦興師傅。

再回憶點舊事。一個夜晚，十一點多了，汕頭市標準餐室服務員陳朝香女士在二樓送菜窗口往樓下廚房喊話，說客人要吃蠔。廚房值班師傅方展升師傅隨口回話："蠔哩無，存支蠔撬。"（蠔沒有了，只剩下一支開蠔刀。）惹得一片笑聲。當年的故事主角，方展升師傅已經歸仙了，朝香女士也已經老了，但是，蠔的故事一直被我記下來。衝著"蠔撬"故事的發生地是標準餐室，就說上幾個用鮮蠔去做菜的"蠔事"吧。

炒蠔蛋，一道蠔鮮美、蛋鬆香的菜餚，一直被列在標準餐室的菜餚出品中，這可與香煎蠔烙有著不同的做法。當年，我問李錦孝師傅，為什麼叫炒蠔蛋呢？他說酒樓食肆在區分煎蠔烙和炒蠔蛋應該是

脆漿炸大蠔

看火候和材料比例。他說，煎蠔烙主要是粉與蠔的比例均勻，蛋少量，需要厚膀和慢火煎烙著。炒蠔蛋則主要是蠔多、粉少、蛋多、火候強，需要快速翻炒。

初湯醃蠔，一味牛腌的海鮮產品，很多客人選擇到標準餐室用餐，都希望廚房師傅為他們醃製一味初湯生蠔。其實這是一道生吃鮮蠔，選擇剛撬開的新鮮蠔珠，醃料上選用魚露、味精、辣椒醬、芫荽，吃時再搭配一點辣椒醋。有點鹹辣，在鮮味下絕對鮮甜無比。

烹調技術性要求相對強一些的，要算脆漿炸大蠔這一款菜餚。當年我們在學習炸大蠔時，脆漿的麵糊都要自己調，要達到膨脹和酥脆，把控的難度相當大。不像今天，市場上有調好的脆漿粉，買回來用水一沖，手一和，漿糊即成。關鍵的技術要領是大蠔一定要先醃製入味。

還是簡單說一下羅榮元師傅傳授給我們的炸大蠔的做法。{ 見>> P287 獨門食譜 }

燕窩

二十世紀八十年代中期，聽朋友講了一個故事，説汕頭市早期有一位富商，在臨終前從“家藏”中拿出三件寶貝：一株吉林深山十八葉老人蔘、一個本港老金錢鰵魚膠和一個泰國康嶼山老燕窩原盞。寶貝分別送給兄弟三人，以作留念。

故事中説道，野山人蔘產於吉林深山，在原始山林尋找人蔘的難度比較大。採蔘人都是選擇夜間在深山中遊走，隨身帶著防身刀和可射擊的弓箭。當他們發現前面有發出銀光點的地方，不管多遠，都會依著光點射出箭，然後回到駐地休息。等天亮再去尋找，根據箭所在的地方，再細心找出人蔘的最終位置，原來能發出閃閃銀光的是人蔘的葉。傳説中的人蔘最多為十八葉，是最好的一株，不知是否如此，姑且當作一種傳説吧。

至於金錢鰵魚膠也有太多傳説了，我在這裏便不多説了。今天想説一説泰國康嶼山的野生燕窩，它為什麼一直受追捧。

首先，能讓金絲燕子聚集的地方，必是倚山臨海的島嶼，金絲燕子飛翔於海空覓食海上生物，棲息在島上山頂洞內的絕壁懸崖上。牠為了下一代傾盡全力築巢，把自己的營養蛋白用唾液的形式吐出，以修築巢居。當人們發現燕窩有相當高的營養價值，就注定牠們必須

燕盞

付出代價。泰國康嶼山的野生燕窩就因為收藏價值和食用價值而傳下來，可見老富商家藏的野生燕窩是多麼用心了。

其次，燕窩的主要來源是金絲燕子的唾液，野生燕窩具有豐富的營養價值，蛋白含量很高又沒脂肪，且含有很多微量元素，如氨基酸、鐵、鈣、鉀等，有利於體弱病虛的人養身體，特別是對肺部、呼吸道的滋潤更是顯著，所以它受到最高禮遇是必然的。

再者，採集燕窩是一項苦差事，要到有山有海的地方去尋找，特別是到深山裏的山洞內的懸崖絕壁上採集，其危險程度絕不亞於任何戶外作業，所以它的勞動價值也非常高。

其實燕窩的發現和產地還有很多，下面先説一個小故事。

相傳明朝鄭和率眾手下到西洋去，路經印尼國，印尼國人請其吃飯。初試燕窩，有不錯的感覺，特別是在恢復體力上。回國的時候，他便帶了一些獻給皇帝爺，御廚烹製出好味道，皇帝爺十分喜歡，自此以後印尼國每年都有一些燕窩進貢，這應是燕窩第一次輸入中國吧。而燕窩貢品只有朝廷上一級官員才擁有，由此被稱為“官燕”。

二十世紀七十年代中期，物資匱乏，許多食材都難得一見。有一天，我的師父羅榮元專程到大華飯店找我，悄悄地讓我晚上到他家去。那一夜，他在家裏拿出了一片燕盞，認真嚴肅地告訴我，這就是燕窩。我當時目瞪口呆，這就是燕窩，傳説中的燕窩！因為那時候幾乎不可能有這種高級食材出現，對我來講，這是一種莫大的見識。

我們師兄弟聚集的時候，都會談論一些潮菜品種，大家會説到各種食材的地位、做法及營養價值，強調燕、翅、鮑、參、肚在烹飪材料中始終都是佔領前列位置，特別是燕窩更是首位出選。蟹黃燕窩、三絲官燕、冰糖燕窩、杏仁燕窩等燕窩品種，也是過去年代裏的著名菜餚。

進入二十世紀八十年代後，世界上的食材往來渠道被打通了。1985 年，我到香港考察飲食，住在德輔道西興利大廈十一樓，而樓下整條道路的兩邊，居然都是擺滿燕窩、魚翅、鮑魚、元貝、花膠的海味乾貨店。那時候，那裏的海味店燈火通明，氣氛熱烈，櫥窗中琳琅滿目，特別是各種燕窩類別：毛坯燕窩、揀淨無毛燕窩、岩石血盞燕窩、深山洞燕窩、印尼厝屋燕窩……當這些燕窩出現在眼前時，我頓覺眼花繚亂。這裏的燕窩產地遍及泰國、印尼、馬來西亞、越南、柬埔寨等國家。讓你更驚訝的是，越南會安燕窩的品味和質量居然排在各地燕窩之首。

我諮詢了資深的燕窩專家黃先生，黃先生也是潮汕人，在香港經營燕窩已經幾十年了。他操著一口純正的潮陽口音説：“都説泰國的山燕不錯，其實也真的不錯，特別是康嶼山。然而比起越南會安燕窩，還是稍為差些。”黃先生跟我説，會安是位於越南中部廣南省，靠近北部灣的一個城市。這裏居住著大量華人。城市依山靠海，獨特的地理環境使其成為金絲燕聚居的地方，這裏的燕窩質地特別厚盞肥實，然而產量卻不多。

越南會安燕窩，特點是赤色厚身，燕盞的身形比任何其他燕盞都飽滿，比較耐燉，味道上有純純的蛋清香氣，入嘴口感柔順軟黏，特別舒服。它的價值不菲，按照潮菜的品位和感受，此等燕窩在過去真的是富人家的奢侈品。

如今時代進步了，印尼居然能開發南太平洋眾島嶼，讓資源盡顯效果，得到發揮。當地各公司出資出力吸引養殖金絲燕，一時間厝屋燕窩產量攀升，充斥市場，影響銷路，高位價普遍下跌。雖然很多人吃不起會安燕窩，然而下跌了的印尼燕窩還是值得一試的。

不管燕窩的價位如何，既然寫燕窩的事，那必然要寫出幾種燕窩的烹製法，與大家共賞。潮菜中的燕窩品種可甜可鹹，這要根據客人的喜好而烹，所以先從甜食燕窩寫起吧。甜食燕窩品種有冰糖燕窩、杏仁燕窩、芋泥燕窩、糯米橙皮燕窩等。鹹食的燕窩品種有鴿子吞燕窩、釀竹蓀燕窩、蟹肉扒燕窩、雞蓉燴燕窩、火腿燕窩球、灌湯石榴燕窩、炒芙蓉燕窩等。{ **見 >> P287–288 獨門食譜** }

那麼，該如何漲發帶毛燕窩？先將帶毛的乾燕盞用溫水浸泡一下，待燕盞軟身，用手輕輕清洗掉微細的沙泥灰等雜質，再換清水浸泡 30 分鐘。然後，當燕盞整個鬆軟後，輕輕地用鑷子挑掉殘餘的鳥毛，然後換清水浸泡，等燕盞身膨脹濕透，遂將燕盞用手撕成條狀，再用溫開水浸泡，讓其膨脹，即完成泡發過程。這個過程須費幾個小時。

如何漲發不帶毛的燕窩？一是將乾身燕盞用清水先行浸泡 20 分鐘，待其回軟後，換清溫水，讓其浸泡 40 分鐘，直至感覺燕盞濕透、回軟，略為膨脹。二是燕盞去掉水，換上 70℃的水，此時燕盞通過溫水，達到完全膨脹的最大限度便好。

此外，須學會分辨燕盞本身的質量，要不然會受到欺騙。我曾經跟一家供應商在談論市面上燕窩的質量問題，一致認為，目前燕窩店的燕窩主要來源於印尼、泰國、越南。

燕盞曬乾了運輸途中容易斷裂、破碎而影響盞形，因而他們都是通過霧化水分到燕盞中去，讓其軟化不碎不裂。然而供應商卻不重新曬乾，直接售賣給消費者，故這些燕窩的水分含量是難以判斷的。

另者，燕盞的好壞還要看其加工過程的盞形。盞形有厚薄之分，盞形腳頭如果含碎燕過多，就會偏厚，其質量會相對差一些。

鮑魚營養均衡

日本我沒去過，也不想去，原因是多方面的，不過作為飲食人，他們的食材是值得我們去尋味的。比如同一海域的鮑魚，他們能做出讓世界望塵莫及的乾鮑，你不服氣嗎？

我在學廚的時候，師父羅榮元說過，日本的青州乾鮑比較好，但我至今還未見過。真正見過日本乾鮑是在二十世紀八十年代中期，我作為汕頭市鮀島賓館的代表被派去香港考察飲食的時候，在香港德輔道西一帶，第一次領略日本乾鮑魚的風采。德輔道西一帶海味乾貨店的櫥窗裏盡是高級食材，櫃台上魚翅、燕窩、花膠、海參、鮑魚等不勝枚舉。那時候的我們宛如從一個狹隘的飲食天地躍至另一個寬闊的飲食天地。

後來的日子裏，有關乾鮑魚的說法也漸漸多了。特別是香港鮑魚王楊貫一先生的鮑魚一粒多少錢，說出來會嚇你一跳，從幾百元一粒到上千元一粒，甚至上萬元的都有。

楊貫一先生烹製的鮑魚味道甘醇，口感柔韌帶彈，日曬後紫外線帶來的氣息，使鮑魚具有獨特的脯味香氣，是任何乾貨都難以媲美的。楊貫一先生也曾經為國家領導人製作過高級的乾鮑魚，粒粒皆溏心，出品讓很多人仰望。時至今日，他烹製的鮑魚在世界餐飲舞台上

乾鮑

依然精彩。

國際市場流通的乾鮑魚，主要來自日本、南非、中東、澳大利亞。若論乾鮑魚的質量，吉品、窩麻、網鮑這三大類日本乾鮑魚，絕對是統領乾鮑魚界的頂尖品級。

吉品鮑，主產於日本岩手縣，個頭不大但身厚體實，曬製時習慣中間繫帶，因而留下痕跡，這是他們獨有的曬製方式。吉品鮑粒粒雙沿邊，柔軟中帶彈，純潔的年糕色澤有如溏心，充滿誘惑。

窩麻鮑，在個頭上偏細小，雙沿花邊形，深度年糕色澤，柔軟性突出但不黏口，在香港牠最受年長者的喜好。

網鮑，日本福島和千葉都有，牠的個頭大，大粒能至一斤以上，不管單雙邊都呈現出厚體肥身、薄面寬腰。牠彈牙感強烈，橫切時網狀表現強烈，故被稱為網鮑。牠的最大特點是豪氣的體態性格，年輕的富豪更需要牠來突顯豪爽的性格，牠受歡迎的程度不亞於任何鮑魚。

中國產的乾鮑魚應該也有，只是數量和品種少而且級別上稍微差些，因而在市場上流通相對比較少。

目前在中國食材流通市場上，經常看到的還是鮮活鮑魚，有相當一部分是從澳大利亞和新西蘭進口的。澳大利亞和新西蘭的活鮑魚在個體肉質上比較緊實，如果用在清炒鮮蘆筍上，能帶來鮮、嫩、彈、脆、甘、甜的體驗。

更多的活鮑魚是中國沿海養殖的，個頭大小不一，肉質鬆軟不夠緊實，口感稍為差些，然而牠彌補了我國海鮮市場上的一大需求。

鮑魚苗

大連鮑

記得二十世紀九十年代中期，遼寧省大連市的活鮑魚曾經風靡全國，特別是在潮汕市場上，每天都有活鮑魚從大連空運過來。大連活鮑魚口感甘甜鮮美，有嚼勁和彈脆之感，又有鮮嫩之味，可以整隻鮑魚帶殼蒸，可以去殼起肉平片炒，也可原隻燉、炆、焗，有著比較廣泛的烹製用途，如果操作得當，大連鮑魚的味道將能得到充分發揮。

我們當時還不曾烹製乾鮑魚，借用鮑魚王楊貫一老先生烹製乾鮑魚的原理，用鮮活的大連鮑魚灌入濃湯，調入味料把牠焗成濃湯鮮鮑魚，效果甚佳。後來很多人紛紛模仿，一時間鮑魚被賣貴了。說到此，先將焗濃湯鮮鮑魚的方法寫出來，讓大家也享受烹製的樂趣。

{ 見 >> P289 獨門食譜 }

乾鮑魚、活鮑魚都是很多人喜愛的食材，它高貴、品相好，而且有著多種級別和口味，營養豐富，是任何海鮮食材無法比擬的。

拍紫菜

人生有點回憶是比較好的，一方面說明你的人生經歷中有故事，一方面說明你的記憶力還未減退。

汕頭市出海口處，有一獨立於海中的小海島，叫媽嶼島，如今已被海灣大橋飛架南北連接在一起。海灣大橋的一部分橋墩停留在島的中間，支撐著整座大橋跨越。引橋部分也連接到媽嶼島，讓島內外的人出入方便。然而，媽嶼島由此不再屬於獨立海島。

媽嶼島曾經是很多潮汕人過番（往海外謀生）時必須朝拜的地方，也是很多討海人經常朝拜的地方，他們都希望得到媽祖的保佑，平安歸來。

有很多人是不能理解的，二十世紀七十年代初期之前，媽嶼島在汕頭市的地理位置上，屬於海域邊防前線，曾經駐過部隊，儘管島上有居民，但它一直是禁區。那時候汕頭市人及外地人要到媽嶼島去，是需要坐船和到駐島邊防派出所報告的，來島何事、尋找何人、何時離島，時間都得登記明確，可謂嚴管地。

嚴管之地，自然生態就不曾被破壞，小泳場的淺海水沙灘，細微的幼沙在海底平滑數里，戲水游泳非常舒服，極盡享樂！島上海鮮資源豐富，一些日常的魚、蝦、蟹遍海皆是，好味連連。

採收礁石上的野生紫菜

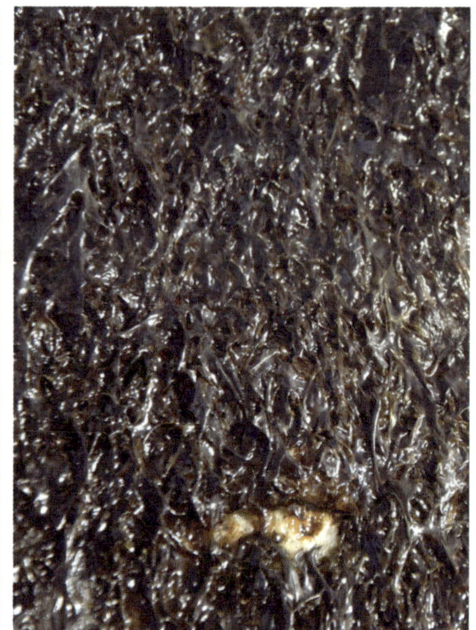

野生紫菜

記得是 1974 年 7 月，我認識了行駛電船的媽嶼島人許世雄先生，是他首先把我、表弟和蔡培龍、魏志偉等人帶上媽嶼島，同時也讓我們認識了其他幾位媽嶼島居民。其中有一位是捕掠海魚的漁民，花名叫“齷齒”，另一位花名叫“乳傻”，後來也跟他們有一段時間經常來往。

有一次，“乳傻”先生送給我幾小餅紫菜，形狀比其他地方的紫菜要細小塊和扁薄身，但紫黑的光亮度要比其他的強，非常漂亮。他說紫菜是從媽嶼島周邊礁石上面的海苔中捏出來的，特別稀少，比野生還野生，由此我近距離接觸了最野生的紫菜。

媽嶼島有野生紫菜，對今天的人來說，簡直難以置信，但在過去卻是真的，只是量非常少。要不然為什麼他會說“捏紫菜”的，其實很多地方都叫“打紫菜”。

野生紫菜真的好吃，細膩的手法在礁石上有選擇性地捏出好的紫菜，清脆鮮甜，海水韻味厚重。“捏紫菜”也是我曾經吃過的所有紫菜中最好吃的一次，至今難忘。

紫菜，過去潮汕沿海的海域一帶普遍都會出現，它們長在礁石上，可算為野生。產量多少是要根據海域的礁石多少和海水的穩定性而定的。後來有了養殖紫菜，產量好壞也要根據氣候，因而人們在選擇養殖紫菜時更注重選擇海域水質的穩定性。目前在沿海順著海豐、陸豐往惠來方向行走至潮陽、澄海、饒平、詔安、漳浦、東山一帶，都有紫菜養殖的。

若要論紫菜品味感覺，本人更傾向澄海區萊蕪紫菜和南澳海域所養殖的頭水紫菜最佳，它的葉飽滿粗壯，味鮮彈脆強。

養紫菜

曬紫菜

潮汕人吃紫菜有一個習慣，手持著紫菜，往炭火爐上面烘焙，不停翻轉著，讓紫菜在溫熱之中慢慢收縮變硬，由此輕飄出一種海藻的鮮味，氣韻極其舒服。

此時用手指輕輕地拍著紫菜，瞬間會自然地掉下一些沙子。原來野生的紫菜都是從礁石上面打來的，多少都會含帶一些沙子，曬乾後又很難去掉，民間用烘焙去掉沙子是最佳辦法。同時烘焙後，紫菜也變得自然酥脆，直接就可以吃了，手撕一點，放在嘴裏慢慢咬嚼，鮮味即現。現在的人都會認為這是一種最原始的烹調手段和吃法。但是我更認為這是人們的智慧表現，是去沙的最佳方法。

1984 年 10 月，我第一次去香港考察飲食，接待人帶我們到美心集團屬下一家餐廳吃飯，品嚐不同的港粵潮菜風味。點菜時我要了富貴石榴雞、蟹肉扒豆苗和炸紫菜蝦捲，想了解他們的不同做法。味道上各有千秋，比較突出的還是炸紫菜蝦捲，紅的彈脆的蝦膠被黑金的紫菜包著，外面有酥脆的感覺，卻是另有一番風味。

香港有一家四洲公司，是潮汕人創辦的，老闆是戴德豐先生。他們出品了一味即食紫菜，汕頭人習慣叫它四洲紫菜。以前我對紫菜的認識不深，覺得它只能煮湯而已，什麼蠔仔紫菜湯、魚丸紫菜湯、蝦丸紫菜之類。如今竟被開發成為零食，真的厲害。

隨著時間的推移，紫菜的烹飪方法也慢慢進化和多樣化了，多少也有一些品味可以讓我們欣賞。紫菜除了做成湯菜之外，炒、炸、煲、捲等烹調手法都已介入了。比如用捲煎法，除了用蝦膠之外，雞肉蓉、魚泥、墨斗泥（墨魚泥）等都是可以和紫菜共舞的食材，能烹出好多好多菜餚。

潮菜的醬碟天下

潮菜的靈魂：魚露

香港美食家蔡瀾先生曾經説過："越南菜如果離開魚露，那麼它的菜餚出品不知成何種味道，也有可能失去意義。"話可能説得嚴重些，但卻道出了魚露在越南菜餚中的重要性，這一點與潮菜類似。越南一帶華僑眾多，華僑中又是潮汕人居多。他們在越南的生活是否與在潮汕家鄉有差別，我們暫且不知，但起碼他們的飲食情結和我們一定是有聯繫的。據説越南有很多潮汕食品，諸如沙茶、粿條、春餅皮。他們也很樂意品味潮州菜，所以他們所烹煮的菜餚裏含有魚露這一潮汕味道，也就不足為怪了。

想寫點魚露，離不開"猛火，厚膀，香初湯"。在這句話中，真正能領悟到它精髓的，只有初湯，也就是魚露，一種潮汕人特有的調味品。

在整個廚房的烹調技術中，還包含火候和其他輔助材料。我認為中國任何菜系在烹調過程中，對火候和輔助材料的要求都是一致的。所以，猛火或者慢火，加不加其他食材，只是在烹調過程中的一種概括，在潮菜烹調中沒有任何特殊可言。至於厚膀，任何菜系都一樣，需要油脂多的時候，他們絕對不會吝嗇。例如川菜的水煮牛肉、水煮魚，雲南的過橋米線，湖南的剁椒魚頭，當你第一次接觸時，就會體驗到油脂滿碗滿盤滿缽，這不是油多的感覺嗎？更有甚者，重慶火鍋整個火鍋面都是紅色的油脂。潮菜中使用厚膀，也當然不會因為肥油而被討厭。只是在使用上，潮菜師傅更多的是喜歡用豬膀。原因是炒菜時，動物脂肪比植物脂肪更有香氣而已。

而魚露呢？在潮汕大地的家庭廚房中，必備的調料品是魚露，不是家裏的調味品缺少鹽，而是潮汕人有獨特的愛好，喜歡魚露具有特殊的魚香鮮味。日常使用魚露時，潮汕人誰都會隨口喊上幾句"滴點初湯落去""倒點初湯來搵（蘸）"等飲食口頭語。因而真正能在潮菜味道上突出鮮味的，便是魚露。對比其他菜系，魚露的魚香鮮味有一種難以替代的味道，讓潮州菜絕對能媲美任何菜系。

"猛火，厚膀，香初湯"。我從事飲食幾十年來，這句口頭語一直在腦中，不管在何時何地，只要談起潮菜味道，我一定會說這句話，因為魚露在潮菜調料品中絕對是靈魂。早期學廚，曾經聽上一輩

海魚經過醃漬、發酵、熬煉，生成了多種氨基酸物質

用大陶缸裝好熬煮過的海魚放在戶外空地自然曬製、發酵

的老師傅說過魚露的形成和發展。

如今，我以自己的思路，覺得魚露的形成和發展有兩條線路圖。一條是東南亞的泰國、越南、馬來西亞、柬埔寨，一條是本土區域原澄海縣、饒平縣。究竟誰先發現魚露，現已無從考究，但可以肯定的是，魚露一定是潮汕人最先發現並且加工而成的。

而説到魚露的形成，我還是覺得比較有趣。老一輩的師傅說："相傳潮汕沿海的漁民到外海掠魚，由於過去保鮮技術非常落後，船上沒有保鮮設備，也沒有冰塊，只好帶著海鹽出海。一旦捕掠到魚蝦，就用海鹽去鹽漬●保鮮。漁民回港後把捕掠到的魚、蝦整擔成筐

● 這種鹽漬在當時是一種保存食材的方法，許多食材都是通過這種方法得以保存的，如菜脯、鹹菜、鹹魚、鹹豬肉、鹹薄殼甚至鹹麵線。

賣掉，而船艙尚有醃魚的汁液，漁民們小試後覺得鮮味無限，認為有可取之處，便逐步演變成為魚露。後來通過研究和嘗試不同方法，逐步選用雜魚仔進行熬製、日曬，讓其經過時間的沉澱，進行物理酵化，形成了今天的魚露。潮汕有人喚其為"初湯"，就是指原汁的意思。

魚露作為調味品出現在潮州菜的菜餚中，最大的作用應該是在尚未有味精的年代，它能夠起到提鮮的作用，特別是在調味時它發出魚香鮮味。在後來一段時間，尤其是清末至民國，潮汕很多酒樓食肆在烹調菜餚時，只要涉及調味作用，調料品勢必首選魚露。1971 年年底，我曾經到過汕頭老媽宮糉球店學習包紮糉子。在炒米的時候，師傅們也選用魚露作為調味品。在汕頭市大華飯店學習捶打牛肉丸的時候，漿水和粉底也選用魚露調和。在任何時候，潮菜炒菜都是用魚露調味，煮湯也用魚露調味，甚至連一些蘸碟也是魚露，足可見魚露在潮州菜中的用途多麼廣泛。

冬天，任何食物經過烹煮後放置一段時間就會結凍，潮州菜的結凍菜餚有很多種，諸如豬腳凍、肉皮凍、魚凍、凍金鐘雞，它們所用到的醬碟也必須是魚露。蘸點魚露後入口能產生鮮魚香味，真正體現涼絲絲的感覺，這就是典型的潮菜特點。

此外，魚露也是蠔烙、佃魚烙、絲瓜烙的好搭檔。

很多外地朋友都說在汕頭吃潮菜時感覺非常好，但在外地吃潮菜，味道就有所變化了。為什麼？我跟他們說，任何菜餚都有它們的味道靈魂，特別是調味，潮菜的調味靈魂便在於魚露。儘管很多烹飪的主副材料都一樣，但缺少用魚露的調味，等於缺少了魚鮮味的加入，也就相當於失去潮菜的調味靈魂。

在外地烹製潮菜菜餚沒有使用魚露調味，那絕對不是正宗的潮

鰈魚炒芥藍

魚露呈透明琥珀色，是蠔烙的標配

菜，甚至是變味了的潮菜，這主要是廚師對潮菜領會不到位造成的。

有一味菜餚叫“鰈魚炒芥藍”，在潮菜中很出名，也即是“猛火，厚朥，香初湯”的典型代表。此菜是本地芥藍心與大地魚乾一起烹製，利用大地魚的魚香味道穿入芥藍菜之體，再調以魚露為鮮。薄芡汁護身讓芥藍菜香溢無限，口齒留香，久久不能忘懷，實是美味一絕。

過去潮菜著名的紅燒大魚翅，在去沙洗淨的漂浸過程完成後進入燉製，真正調味的還是魚露。可見魚露在潮汕人心目中的地位是多麼根深蒂固，足以說明其影響深遠。

我跟很多人說過，我可能在潮菜的調味上仍有固執的偏見，但我對潮菜的“猛火，厚朥，香初湯”還是有深刻的理解。

潮汕雜鹹

“雜鹹”，單從字面上理解，應該把兩個字拆開，才更能明白其意義。

雜，應該是指物類繁多，多得難以分類，故而稱雜。鹹，應該是指代某一種菜餚特有的口味，單獨出現更能夠明確它的味覺意義。

“雜鹹”，又雜又鹹，沒有指定具體名稱，用一個模糊的名詞來代表地方食物。從某種意義上來説，雜與鹹是不能連在一起的。然而在潮菜中，它們仍被疊加，代表潮菜的另一類組合菜餚。

拿碟“雜鹹”來，潮汕人立即明白是怎麼回事了。這句話出現在餐桌上，必會更多地和潮汕白粥緊緊地聯繫在一起。

潮汕白粥，從古早的認知上，絕對是一款素味平淡的食物。只要不投入任何料頭去改變粥的構成，它永遠是寡淡的一碗。為了讓更多的白粥送進肚子裏，人們便用菜餚作為配送白粥的食物。由於日後有多種品味的選擇，便呼之為“雜鹹”。

若論“雜鹹”形成的時間，應該追溯到遠古。由於過去生產勞動力落後，經濟上困難，潮汕人不得已對一些食物在味道感覺上適當調整，讓一些食物作為“雜鹹”出現，起到催送白粥入肚的作用。

早年，曾經聽過一則潮汕人的故事，叫作“鹹哩鹹滴噠，整哩整哩烙”[●]。內容雖俗，卻很好地解釋了白粥與“雜鹹”的相互關係。故事大致如下：説一位少婦在家裏的灶間準備洗澡，看見了一盤鹹蜆，便順手抓後放入嘴裏一嗑，覺得好鹹，便又舀起一匙稀粥，又覺得口裏好淡，又順手來一粒鹹蜆，又是太鹹，便又是一口稀粥。嘴裏喃喃自語説了一句：“鹹哩鹹滴噠，整哩整哩烙。”這時剛好一老婦路過，聽到聲音，不知何事，便順著門縫窺視，只見少婦在吃蜆配稀粥。如此反覆，居然把整盤鹹蜆和一鍋稀粥吃喝光了。老婦人搖搖頭，跟著喃喃而語：“鹹哩鹹滴噠，整哩整哩烙。”由此流傳於街坊。

從這則故事中，我們可以認識到潮汕白粥真的是素味平淡，而“雜鹹”它真的是鹹。當人們發現鹹的食物具有催送白粥入肚的作用時，日後大多數食物都會被多加一些“鹹”，由此“雜鹹”系列便形成了。

“雜鹹”系列，按目前在潮菜中的位置，它絕對是一個廣義上龐大的菜餚系列。它除了本身擁有獨立的地方菜餚位置之外，更重要的功能還是能夠輔助其他菜餚在入味和出味上發揮作用。

先來認識“雜鹹”的範疇吧，我認為它是由以下幾方面構成的：

是鹽漬。鹽漬有乾鹽的鹹魚、鹹豬肉、鹹鴨蛋、鹹薄殼、紅蟳、鹹蟟蛁、菜脯、橄欖糝。

這些品種都是通過海鹽醃漬，可延長保存時間，這在很大程度上是解決儲存的問題，畢竟那個年代的冷藏技術不過關。鹽漬後轉化成鹽水碳質物，通過陰涼儲藏的方式成為雜鹹的，有酸鹹菜、貢菜、冬菜和酸梅子。特別是酸鹹菜，過去都是冬天才盛產大芥菜，農戶把

● 潮汕順口溜，意思是要麼就太淡了，要麼就太鹹了。

二十世紀五六十年代醃製鹹菜的場景

它收割後清理和清洗，用海鹽把大芥菜醃製至軟身出汁，最後裝罐密封，一般都須經過 45 天的物理發酵才算完成。我以前醃製過鹹菜，配比是 100 斤大芥菜配 7–13 斤鹽，鹽少了芥菜易酸，不宜久放，鹽多了芥菜比較鹹，但是可以存放過冬。

以上這些鹽漬後的食物都有一定的使用期限，可以直接作為雜鹹配粥，如鹹菜、貢菜、冬菜、酸梅子、鹹薄殼等。而一些是需要通過火候再加工，如鹹魚、鹹鴨蛋、鹹豬肉一類。

二是通過用豉油、魚露和豆醬醃製的“雜鹹”，多少都是季節性較強的食物。例如冬蟳、膏蟹、蝦蛄、花蛤、血蚌、鹹蜆、生瓜、大頭菜、稚薑、四色菜、生橄欖等。

這些食物作為“雜鹹”出現，原材料基本上都是以鮮活為主的。在一定調配料混合醃製下，這些食物得到消毒、提鮮、入味。生醃製“雜鹹”，多少拓寬了“雜鹹”的疆域，從而惹得更多人的喜歡。

三是食材通過加工後物理發酵的“雜鹹”，如白貢腐、南腐乳、黃豆醬、香豉粒和老菜脯。此類食物更多是需要有技術性和判斷經驗豐富的人才能完成，同時也需要一定時間儲藏。例如老菜脯，它的形成都是需要 10 年以上的時間。

四是有一部分“雜鹹”則需要烹飪後才能存放。例如橄欖菜、醬香橄欖、鹽水烏欖。

在潮汕家喻戶曉的橄欖菜，不同於酸鹹菜、菜脯等靠鹽漬醃製而成，主要是用熬煮的方式去完成的。

橄欖菜烹製的主要原材料是生橄欖和酸鹹菜尾、花生油和海鹽。熬製時間需要幾個小時以上，特別是使食材從青色轉化為烏金色，更需要耐心。熬煮後的橄欖菜能存放較長的時間，這主要是油的比重超過食物的含水量。

潮汕人把以上這幾個方面稍微帶鹹的食物統統列為“雜鹹”，這種叫法一直被認可，由此我認為“雜鹹”是一個概念詞語。

記得在二十世紀七十年代之前，在汕頭市多數肉菜市場裏，幾乎都有一間專門的雜鹹舖，供應著日常的“雜鹹”。這些雜鹹舖每天清晨5點半開舖，這麼早開舖供應雜鹹，還是和白粥有關。

潮汕人過去的早餐比較單調，基本是以白粥為主，當然也有番薯（絲）粥，這是潮汕人的習慣。這個習慣一直延續到二十世紀九十年代才被打破。

一位朋友跟我説過，他們在二十世紀八十年代想引進美國麥當勞來汕頭，麥當勞公司經過調查，把要進入汕頭經營的時間放到了二十世紀九十年代後，理由是汕頭人是頑固的食粥族，只有等到二十世紀九十年代，另一批新生兒長大了才有市場。

印象中，雜鹹舖的案板上擺滿各式各樣的“雜鹹”，品種多得讓你眼花繚亂，的確難以辨認誰、誰、誰。由此我先列一些作為參考：

酸鹹菜、南薑麩鹹菜口、貢菜、南薑麩芝麻青橄欖、橄欖菜、初湯辣椒醬橄欖畔、鹽水烏欖、蒜香烏欖畔、鹹水豆乾角、南乳豆乾粒、手撕老菜脯、蝦米菜脯粒、沙茶醬菜脯條、菜脯蛋、初湯菜頭口、豉油四色菜、豆醬稚薑、豆醬甜瓜脯、鹹薄殼、鹹蟟蛁、鹹錢螺、鹹蚶、含豉油大頭、鹹帶魚、鹹鴨蛋、鹹蠐、鹹蝦蛄、鹹磨蜞、蝦米飯、紅魚飯、巴浪魚飯、紅肉米、薄殼米、鹹究麻葉、鹹究烏豆、鹽水花生、鹹牛鈴。

常見的潮汕雜鹹

第一排：醃青瓜、白饒魚仔、菜脯蛋、蒜香鹹肉、鹹究烏豆、蒜香巴浪魚

第二排：鹹蟟蛁、炸鹹魚粒、南薑橄欖、豆醬菜頭口、鹹饒魚、醬香橄欖

第三排：烏欖、菜脯粒、手撕鹹菜、鹽炒花生、辣椒鹹菜、豆豉魚

第四排：鹹鴨蛋、水豆腐、榨菜粒、烏欖角、手撕菜脯、魚露菜骨

第五排：南薑李子、麻葉、南腐豆乾粒、南薑鹹菜口、酸甜吊瓜塊、炒紅肉米

第六排：鹽水花生、橄欖菜、鹽水豆乾角、醋薑、四色菜、豆醬薑

以上是當年雜鹹舖的一些品種，然而在這些品種中，我還意外地發現了一些淡味甚至一些酸和甜味的雜鹹品種。例如姑蘇香腐、甜黃豆、甜楊桃豉、酸甜菜頭口、酸甜芒果條、酸甜力茄。

當然，這些雜鹹舖還兼著一些"雜鹹"類的調醬味料，例如醬油、魚露、沙茶醬、梅膏醬、三滲醬、芝麻醬、鹹檸檬、香豉、酸醋等。如今這種純雜鹹舖已經不見了，想想也覺得有點可惜。

不過今天的"雜鹹"已經發生了變化，有一個飛躍提升。一些品種通過再加工，又延伸了其他品種，如醬香橄欖、醬香菜脯、醬香老菜脯、豉油烏欖、南薑麩烏欖、油浸鹹魚粒。同時又對"雜鹹"的外包裝進行改造，更突出"雜鹹"類的獨立個性。精致包裝提升了"雜鹹"的價值，讓潮汕雜鹹煥發出青春活力，走向更大的市場。

我曾經指出，"雜鹹"的出現，離不開鹹菜、菜脯、橄欖菜這三大類的關鍵主導作用。更多食物加入"雜鹹"行列，也豐富了這一類食物的多樣性。

首先，必須承認"雜鹹"是因白粥出現而存在，因為白粥的需求，又襯托"雜鹹"的層出不窮，花樣繁多。事實上，"雜鹹"也在一定程度上輔助了大潮菜，讓潮菜體系更加完美，充分體現了"有味者使之出，無味者使之入"的烹調理念。

"雜鹹"的輔助作用具體表現在以下幾種情況：

一是鹹菜。它可分為酸鹹菜和老鹹菜，它除了自身可直接配白粥之外，還可以搭配豬肉類烹製，如炒鹹菜肉絲、鹹菜煮豬肚湯、鹹菜絲搭配圓蹄豬腳、鹹菜豬腸煲、豬粉腸鹹菜雜燴，絕對是合味之道。同時，它又可以和海鮮搭配出以下品種：鹹菜煮白鰻魚、鹹菜香茄三魚、三黎鹹菜煲、烏耳鰻燉鹹菜、鯽魚酸梅鹹菜煲。

二是酸梅子。通過鹽漬後，它被利用到酸梅煮魚、酸梅焗鵝掌、酸梅燉湯中。

三是菜脯。菜脯可以分為普通菜脯和老菜脯。普通菜脯除了可以做成醬香菜之外，還可以煎菜脯蛋，炒菜脯粿條，菜脯煮赤領魚、淡甲魚、鮮蝦，熬菜脯冬瓜鴨，甚至炒菜脯飯。老菜脯則可以炊肉餅、老菜脯炊魚、煮老菜脯海鮮粥。

四是豆醬薑。除了配粥之外，豆醬薑拿來煮魚也是絕配，特別是煮草魚腹、烏尖頭魚。

五是極少被人提及的貢菜。它不但是配粥中的佼佼者，拿來與午筍魚（馬友魚）搭配煮，也絕對不遜色於其他煮法。

六是南腐乳。雖然它也有配送白粥的作用，但更大的作用還是在醃製南乳豬肉大包上。此外，潮州特色腐乳餅也離不開它。

總之，“雜鹹”的輔助作用非常大，還有很多很多用途，難以全面概述。它作為一種食物記憶，能夠讓我們長期受用，絕對是潮汕人的驕傲。

生薑暢想曲

正是生薑旺季，我突然心血來潮，想變換一下市面流通的醃製生薑的調料，讓相對的鹹和辛辣得到改善，達到隨吃與烹煮雙料作用的效果。於是乎，加糖，調醬油，減豆醬，弄得不亦樂乎！

我一生摸爬滾打於潮菜江湖，無數次舞弄刀勺，幾十年彷彿一瞬間就過去了。帶著玩的心態，尋找樂的歸源，是抒發人生欲望的最佳途徑之一。忽然間腦洞一開，時空倒流，認識生薑以來未曾思慮過其用途，因而對生薑的功能和效果有著太多的遐想……

沿海的人，烹煮鮮魚時喜歡加點生薑進去，去腥味增香氣，氣息居然好多了，因而感到生薑的作用大裂變。循著生薑裂變的脈絡竟然發覺生薑在烹飪上的用途是無窮盡的。

生薑與菜餚，生薑是配角，把主角讓給其他食材。為了菜餚的味道更完美出品，它願拋頭顱，削筋骨，甘於被脱去外衣，在厚薄切片、改條切絲的照顧下，顯得厚薄均勻，整齊劃一。它被改塊擊碎，切粒剁細，受到刀刀關照。配合菜餚烹製中出現的醃製，享受著燒烤、焗燉、煎炒等的快樂過程。

不信嗎？請看下列分解。

薑蔥炒肉蟹，一個眾人隨口就叫得出的普通海鮮菜餚跳躍著，一貫橫行的肉蟹在薑蔥的爆香下，加上淡淡的辛辣，鮮甜味更突出，讓你知道生薑的影響力。

薑蔥焗上湯龍蝦，其味遠勝於薑蔥炒肉蟹，味道在自覺與不自覺中又進了一步。哎，它們都是海鮮烹製，只因龍蝦更高貴，生薑在上湯的誘力下，也讓龍蝦的味道更美。

如果說吃生蠔時感覺到鮮味在海水的沖撞下，有海洋之風習習而來，輕繞舌腔讓味蕾駐足，那麼鐵板大蠔在薑蔥絲的纏繞下，熱油爆淋鐵板，薑味撲鼻而來，會徹底扭轉你吃生蠔的想法。

這是一次逆反海鮮做法的行為，把生薑切絲拌上芹菜，當牛肉片走完拉油的低溫過程，與薑絲交織速炒，味醬匯入讓其均勻，讓你吃著吃著便不放手了。飲食人究明其因，原來新鮮牛肉也帶有腥味，加入薑絲是多麼合理。

山寒、水冷、地濕是山裏人最難抗拒的，客家人獨特烹製出生薑焖鴨來禦寒，於是用大量薑片匯入鴨肉，讓味道起微妙的變化，且更具有熱腔暖身的功效。同樣，生薑也對鴨肉的腥味進行了衝擊。

珠三角有一個家庭大菜餚，選用豬腳熬薑塊，在紅糖、甜醋的加持下，猛火燒沸，慢火熬燉，讓生薑出味、豬腳入味，特別是加入雞蛋，對女性而言更是滋潤補身。

默默之念，感恩生薑的無限投入，特別是表現在菜餚身上，站在前沿。殊不知，薑、蔥、酒結成聯盟，在醃製菜餚上讓各種味道先行浸入食材，在菜餚去腥助香中發揮了不可估量的作用。

從下面的菜餚中不難看出生薑的作用：醬香焗雞、醬香焗水鴨等在未進入菜餚完成時，薑、蔥、酒的醃製能促使雞肉、鴨肉去腥增香。炸佛手排骨、炸芙蓉酥肉、炸魚盒、松鼠魚等需要薑、蔥、酒進

薑葱蟹

行先期醃製，把腥味盡量減少，把香氣盡量提升。

這一切的發生，生薑是默默無聞的，不張揚地付出着。在一切臘味燒烤面前，生薑也是站在幕後，入味醃製後再等待燒製，其過程是漫長的，但為的是完美。例如燒豬、燒乳豬、燒鵝、燒鴨、燒乳鴿、燒肉、燒骨、燒圓蹄。不管是原色滷水，還是醬油滷水、糖色滷水，在眾多滷水中，生薑是不可缺少的滷料，它與蒜頭、辣椒、芫荽、川椒、八角、桂皮、大茴等匯成一股勢力，把平靜無味的滷水掀起巨浪，讓味道在翻騰起伏中溢出芳香，傳於世道。它們也是有系列的——滷鵝滷鴨滷頭皮，滷肉滷腸滷豬腳，滷肝滷蛋滷香腐。

在民間，喝薑水能禦寒暖身，喝薑茶能去暑解表防感。六月天，煮地瓜放薑片加紅糖，既能充飢又能防暑。十二月，燉魚膠放紅棗加冰糖，切不能忘記加上薄薄兩片薑，除了飽滿的膠原蛋白能強身，薑還能暖胃又熱身。

潮汕民間的百日薑更奇妙，它取端午節至中秋節期間，剛好百天，把生薑放在屋簷瓦礫上，任憑風吹日曬，雨淋霧露，自然乾身，形成薑脯，切幼碾末，沖水和藥，能散熱解表，去痰止吐，溫和胃肺，是夏季感冒流涕的特效良藥。

——你可窮盡天下事，切勿忘曬百日薑。

資料介紹，生薑這種植物，由根莖與葉形成，生長環境宜濕潤但不宜澇浸，喜歡陽光但不要強光，味道上帶辛辣，藥食均有用途。

善哉！人間至愛是生薑。

百日薑

南薑麩的運用

去年入冬後，橄欖收穫季節到了，我跑到文祠鎮醃製了幾百斤橄欖糝，特別交代負責醃製的謝錫福先生要用新鮮的南薑麩去醃製，這樣在長期存放上才能保持南薑麩的味道不失。當完成醃製工作後，我突然想到應該把南薑及南薑麩的應用寫出來。

南薑應分成食用和藥用兩部分，食用南薑在潮菜應用上又可分為南薑塊和南薑麩。

根塊狀的南薑加入菜餚的烹製中，需要清洗掉泥土，剁塊拍碎。主要應用體現在滷鵝、滷鴨、滷肉上。燉牛腩、燉羊肉以及其他肉類，特別是帶腥味的肉類，更需要加入南薑。南薑氣息獨特，穿透力強，具有去腥助香的效果。在潮菜中，它是不可缺少的一種輔助調味材料。

南薑塊洗淨後碾成粉末，便是潮汕人熟悉的南薑麩了。除了上面提到的醃製橄欖糝之外，日常的一些食材加入南薑麩後，氣息也大不一樣。特別是在汕頭市澄海區，鄉民在熬製醬香橄欖的時候，也選擇南薑麩和白芝麻作為輔助味料，可見其用途之廣泛。

在潮菜中的搭配上，著名的“橄欖糝炊魚”，離不開的是橄欖和南薑麩，潮菜名菜餚“生炒魚蓬”，在配料上也離不開南薑麩。更有

南薑與南薑麩

“南薑麩白斬雞”，它的做法是煮熟後的雞用很多南薑麩包住，讓南薑麩的辛辣味穿雞身而入，斬件時才從中取出，將氣息留於雞肉上。

除此之外，日常碰到的需要用到南薑麩的案例還很多：一碗鮮魚泡粥，調上一撮南薑麩，必定更清鮮可口；一盆清湯牛脯牛雜湯，只要加入一些南薑麩，微微的辛辣氣息即令人為之一振；一盤潮汕酸鹹菜，洗淨後切成細塊，撒上南薑麩和白糖，手抓幾下，即成餐前佐料。

一碟蘸醬料，選擇南薑麩，調配上白糖、白醋、芝麻，必定是一味可口的蘸碟，特別是蘸滷牛肉和滷羊肉。

另一類醃製還有澄海南薑貢菜和東里南薑麩白貢腐、南薑麩烏欖。潮汕人醃製甘蔗水果，也喜歡加入一些醃製原料，如甘草、白糖、芝麻、芫荽、南薑麩，調和各種水果的味道。特別是南薑蔥芝麻甜青橄欖，青橄欖通過洗淨擦乾水分，用一種木板把青橄欖壓扁，使青橄欖裂開，然後加入以上這些醃料，其口味特別“搶嘴”好吃，誘惑力極強。

根據相關資料介紹，南薑，也叫薑葦薑，是一種主要生長在粵西一帶的根莖植物。什麼時候被移植入潮汕地區不詳，然而它的價值被潮汕人充分利用，特別是在潮菜的烹飪中，它成為一種主要的輔助調配料，以致很多人以為南薑是潮汕地區獨有的品種。

老菜脯

撕正芳（香），截哩生刀柵（鏽斑）。

截正著，撕哩生手席（手味）。

——這是一句典型的潮汕俗語，主要反映潮汕人對手撕菜脯的另類理解。

小時候，我家與許多家庭一樣，都在鹹酸櫥●內儲存了一小罐老菜脯。老菜脯是極少會用的，一般都是家裏有人食積脹氣了，母親才會拿出一個黑得烏金的老菜脯，用手把它撕成幾小碎塊，放在小碟上，讓人咬嚼著伴送白粥。

面對用手撕著老菜脯，我好奇地詢問母親，為什麼不用刀去切呢？她認為家庭的菜刀經常會生鐵鏽，若染到老菜脯上，會生出異味，而手撕老菜脯可以免掉這個問題。其實，老菜脯在家庭中只是偶爾用來送粥解膩的，所以也很少有人專門去留意用刀切或者用手撕。

一個簡單手撕老菜脯的送粥吃法，反映了過去潮汕人的一些生

● 鹹酸櫥是潮汕人家中用於存放油鹽醬醋和各種雜鹹的木櫥櫃。

老菜脯

活習慣。這在過去的年代非常普遍，特別是在惠來、普寧、揭陽、潮陽、饒平等地方，更是常見。

我從廈門回來以後，一直對用老菜脯剁成碎粒去油泡鮮魷魚耿耿於懷，簡直有點不理解它的做法。儘管我對此類用老菜脯去烹飪菜餚持有不同看法，但它還是在外地的潮式酒樓食肆中被悄悄運用了，而且對外地人來說，還能起到意想不到的飲食效果。外地人對潮汕人專屬的牛肉丸、魚飯、腐乳餅、普寧豆醬、老菜脯等都有興趣了。

我隱約感覺到，除了一部分產品原來已經走出去了，後來一大部分潮汕食品受青睞可能與陳曉卿先生推廣潮汕風味有關係。近年來，美食紀錄片《舌尖上的中國》團隊再拍《風味原產地》時，特別推出了潮汕民間風味小吃，把潮汕牛肉丸、魚飯、普寧豆醬、老菜脯之類再次介紹給全國觀眾，讓各地觀眾領略了潮汕風光，同時也愛上潮汕美味。

廈門市的潮式酒樓用老菜脯烹製菜餚，可能就是受此影響。於是，我靜心思之，反覆尋回老菜脯原來在汕頭的一些影子……

記得十多年前，我在深圳福田區一家叫“自己人家宴”的潮菜酒樓吃飯。在酒席至末端時，後廚送出了一盤老菜脯蒸肉餅和一鍋砂鍋粥。其時的感覺如粵菜的鹹魚蒸肉餅一樣，風味獨特，口感上酸甘、香滑和爽，那種老菜脯特有的濃鬱韻味，足夠讓你頓悟一生飲食。

儘管出品簡單，我還是小心去觀察：老菜脯經過剁碎，再加入剁碎的肥瘦相間的豬肉，加點味精、白糖和澱粉，攪拌均勻後用手輕壓成肉餅，然後放入蒸籠去蒸。我心裏就覺得已經被征服了——廚師在老菜脯的利用上跨出了重要一步。

也是在十多年前，一次朋友小聚，席間李楠先生説在朋友倪錦清先生家中吃過老菜脯煮粥，是用雞湯煮的，感覺非常好。我當時半信半疑，居家人士在家中居然用雞湯去煮老菜脯粥。

李楠先生解釋道，雞湯是當天慢煮白斬雞和豬肉的剩餘雞湯，加入大米後煮至快爆米花時，加入切碎的老菜脯，調上味料即好。

探明其過程後，我頓時恍然大悟，信服了，高手真的在民間。

隨後，我也一直想把老菜脯的品味推廣一下，然而效果不佳，於是漸漸把它淡忘了。

不知道是誰最先抬高老菜脯的應用。有一説是美食家林自然先生，有一説是成興漁舫的老總王文成先生。不管是韓信點兵還是關公巡城，都敘説著遙遠的故事。但首先把老菜脯結合到豬肉中去的師傅，絕對是值得一讚的，要不然老菜脯還是罐藏在家裏鹹酸櫥中的一種小食材，頂多是邊緣上的小角色。

曬菜脯的場景，1958 年攝於澄海農場

想一想，開發老菜脯從時間上推算也應該有十多年了吧，從單一的手撕老菜脯塊，到老菜脯剁碎和上肉碎做肉餅，到用雞湯去煮老菜脯粥、鮮蝦煮老菜脯湯、老菜脯蒸鮮魚、老菜脯粒炒魷魚、老菜脯粒炒飯等眾多的地方風味，老菜脯的種種表現，把我弄得神魂顛倒，讓我刮目相看，有時候也真的會火冒三丈。

人們長期的飲食生活習慣，或飽或餓，多少都會產生飲食上的腸胃積火，潮汕人家在尋找消食瀉火的食材時，發覺儲藏的老菜脯竟有奇效，便會專門儲備一些老菜脯。

田園上的生菜頭（蘿蔔）挖掘出來後，清洗乾淨，粗鹽醃漬，讓其出水，撈起晾曬風乾，入罐密封，經多年儲藏和存放，讓它陳化……

老菜脯從醃製到封罐後一直不啟封，放著放著，不知不覺度過了漫長的時間，至少要十年才能成為名副其實的老菜脯。一旦啟封，老菜脯的層面上濕潤發光，色澤深褐烏黑金亮。此時的老菜脯，口感上柔軟鬆化，純甘香氣飽滿，鹹味中帶酸氣，送吃後行氣快且能回飽嗝。

廣東新會縣的老陳皮，之所以叫老陳皮，就是要經過多年的儲存和反覆的晾曬和養皮，讓它多次產生物理氧化和酵化，才逐漸演變成了老陳皮。老菜脯也是基於這個原理，潮汕一些村民在自家醃製菜脯後，封存放於家裏多年，讓它年復一年自然老化。也正如潮州一些鄉鎮在醃漬老橄欖糝一樣，青橄欖加粗鹽、南薑麩醃製後封罐儲藏，也需要一定時間後才開封。

我一直想尋找老菜脯的原產地，卻發現它一早就進入潮汕大地的千家萬戶了，很難探究誰是最先發現並食用老菜脯的。

不過若按照老菜脯的出品最為被認可的分佈，惠來縣最為優先，其次是揭陽新亨鎮和饒平高堂鎮，這三個地方都有可能是老菜脯最先的原產地。唉，還糾纏什麼呢？老菜脯已經被帶出了，走出潮汕地區了。至於能走多遠，我認為無所謂，重要的是如何保護它的獨特風味。

川味感悟

1987 年，在舵島賓館工作的我被派去泰國曼谷考察飲食行業，回程的時候我們順道歇息於香港。在停留期間，表弟王漢文邀請我到九龍佐敦道一家川菜酒樓品嚐辣味川菜。

印象中有水煮牛肉、鐵板辣醬煎大蝦、辣子香雞等，在一邊吃一邊聊天中，表弟問我，麻辣一點的吃不吃？我説可以呀，來一點。當服務生端來了一盤麻辣脆肚，我便迫不及待夾上一塊送到嘴裏，才咬不到幾下，突然感到整個嘴巴都麻了，頓時任何食物都不知味道。此後，每談起四川菜，這個場景馬上浮現在眼前。若是想吃川菜，首先會詢問麻不麻。

2018 年春節前，我在微信上認識的四川朋友張宣平先生，專門從四川省郫縣給我寄來了他們家鄉的幾罐特製豆瓣醬。我領收後並未認真品嚐其味道，因在香港領教過川菜的味道，不敢輕舉妄動。

每一年的春節，餐飲人都是身不由己地為一大群休假的人忙碌，只能自我調侃，欣賞大家休息，望著大家吃喝，想著遊山玩水。有時候還真的會痛恨自己為什麼是餐飲人。假期一過，休假的人在節日上的吃、喝、玩、樂都得暫告一個段落。

年後的一天，朋友李楠先生過來聊天，東西南北聊一些飲食舊

川菜中常用的藤椒

事，也談及味道變化。我突然想起年前四川張宣平先生寄來的豆瓣醬，至今還未曾一試。於是我便邀請李楠先生共同為其豆瓣醬調試幾樣菜餚味道，就這樣，豆瓣醬泡炒鮮魷魚、豆瓣醬煮海烏魚、豆瓣醬乾撈麵出現在那天的午餐。

在這次調試中，探知豆瓣醬雖有辣氣而不麻。於是我便用潮菜的一些烹調做法，把傳統油泡麥穗鮮魷的蒜香粒去掉，用豆瓣醬代替。炒泡後，魷魚的麥穗●依然好看，掛靠在麥穗身上的金色蒜頭粒被紅色的豆瓣醬粒取代，也有不錯的觀感。海鮮在這種辣氣的輔助下，非常可口，產生了獨特的風味。

● 魷魚經過精細刀工處理後，受熱捲曲，形似麥穗。

豆瓣醬煮烏魚，和我們的普寧豆醬煮魚一樣，味道有變化，烹調法還是不變。有趣的是那一味“豆瓣醬乾撈麵”，我借用愛西乾麵的做法，在碗底的滷汁上加入豆瓣醬。豆瓣醬事先剁爛，然後在鼎中用熱油煎一下，讓豆瓣醬自然化開後溶入油中。

汕頭人吃乾撈麵需要有溫度，因而在溫度的要求下，想讓乾撈麵條不黏連，則需要在醬料中加入一定的油脂。因而這一次用油脂把豆瓣醬化為一體，加入麵條中去，既不黏連，又能產生一點微辣的醬香氣。

這一次調味豆瓣醬，得到相應的認可，大家在細品之後，味覺上既辣又不辣，其香氣霸道十足。我自己也驚訝了，這一次的川味碰撞竟然會產生不一樣的味道。

從香港佐敦道品嚐川菜到在自家酒家調製川味醬料，相隔三十多年，其間自然品試過川味，都是小心翼翼的。雖然能欣然接受一小部分辣的味道，太辣尤其帶麻的卻是難以沾唇。

郫縣豆瓣醬、河南十三香、貴州老乾媽、湖南剁椒、李錦記蠔油、蝦醬、汕頭市沙茶醬、普寧豆醬等，都是烹調的佐香醬料，如果調味得當，菜餚上好味道一定是有的。

朋友！很多時候，在烹與調的支持下，味道才是靈魂，佐料就是為味道而生的。

烏欖

捉迷藏，擊鼓傳花，貓抓老鼠，單腳跳格，滾鐵圈，這些都是舊時玩樂的遊戲。潮汕人還有一種叫打欖核的遊戲，因為覺得有趣，所以一直留在我腦海裏，印象深刻。打欖核，有設定的活動範圍和規則。欖核既是玩具又是賭注，贏家可以把贏得的欖核擊破，取其欖仁吃。

欖核主要選擇來自烏橄欖樹的果子——烏欖，選擇一粒比較大的來作為母隻（遊戲中作為"主力彈子"的特製欖核）。

通過去外皮肉取其核殼，用人工把核殼的尖尖兩頭在油麻石（花崗石）上磨掉，然後再把核殼放平，用力磨去核殼的一邊，挖出欖仁肉，露出窟窿來。此時，燒一點錫水或者鉛水注灌到欖核的窟窿裏，凝固後便是一粒沉重的欖核母隻了。此舉的目的是增加母隻的重量，讓欖核在用手指彈擊後，撞擊對方的欖核，在行進中不會產生跳躍（跳躍會影響它的衝擊力），而且在受到對方的彈擊時能夠巋然不動。

有趣的遊戲，兒時打欖核的玩樂，可能是我們這一輩人特有的烙印。

這次回到家鄉普寧下架山蛟池村，參加最後一位叔父的喪事。

剛摘下來的烏橄欖

按習俗，送他遠行天國的時候，眾人必須先繞著鄉村的小道走一圈。邊走邊停，望著斑駁的鄉村老圍牆、閒間厝仔，過往的一些情景在腦海中浮現了……

曾被稱為“普寧內山區”的下架山蛟池村，在過去的年代，交通極度不方便，出入縣城或者汕頭市是相當困難的。許多貨材在買賣和置換上，難度相當大。大部分食物都會用鹽去醃漬、鹽浸、煮滷後存放，便於日後食用。鹽水浸烏欖和醃鹹菜、曬菜脯、熬煮橄欖菜、鹹麵線就出現在各家各戶中，形成了獨特的普寧醃漬風味。

1958 年，全國都設立了公共食堂，吃飯統一到公共食堂去。有一次與村裏的幾位小夥伴，偶然發現公共食堂內有一甕鹽水浸的烏橄欖。於是乎，每人靜悄悄偷了幾粒鹽水烏欖，把欖肉去掉，取出欖核，用石頭擊破，挑出欖仁肉吃了。欖仁肉香著呢。讓人覺得滿足的是欖仁香氣撲鼻，緊張的是此種行為屬於偷竊，心靈上一直有負罪感。

對欖核中的欖仁，我只覺得它大部分用在餅食上，特別是珠三角一帶喜歡做欖仁餅和五仁餅，所以他們需要大量的欖仁。

至於菜餚呢？廣府菜有一個菜餚名——玉手攬郎腰。它取材於脱骨鴨掌、西山欖仁和新鮮雞腰，巧妙把它們相結合，形成一個寓意貼切的菜餚。還有一個是江太史家廚呈現過的肚頭炒欖仁。此菜用大量西山欖仁，在爆香後拌上水發後的豬肚頭，巧妙地爆炒一下，欖仁香氣足而肚頭清脆彈口。

潮菜菜餚在用欖仁方面也比較少，我只是偶爾用在炒飯之中，主要搭配海鮮類，於是取名為欖仁海鮮炒飯。另外還有欖仁芝士焗南瓜，也是少量，其他就相對更少用了。

過去我學習過製作糖方（傳統手工製作的塊狀酥糖），在一次次玩弄花生糖方和芝麻糖方的同時，我也反覆用溫度和低糖的辦法去調試欖仁糖方和松子仁糖方，終於達到了理想的效果。

這兩款糖方的調製成功，很大一部分原因是在理解的層面去解讀它，把它神化完成了，也提升了市場上的糖方價值和競爭力。當然，我也覺得這是對欖仁價值的尊重。説千道萬，無非是一粒烏橄欖的事。

流傳在潮汕的一句俗語——乘風卡橄欖，意思是入秋後，橄欖的果子步入成熟期，由於橄欖樹高大而葉枝軟結果密，不宜攀摘，所以在採摘時多採用長竹竿去敲打，讓橄欖果子掉下來。如果碰到東北風起，稍有風搖勁，採摘的人們會順風勢而擊打，這樣橄欖就掉落得更多了。

在潮汕，橄欖分有青橄欖和烏橄欖，先民們的敲橄欖，究竟是指誰，那就讓大家去猜吧。還是說說烏橄欖——一粒曾經被忘記，突然又被拉回來了的鹽水浸烏橄欖。

鹽水浸烏橄欖，應該是前輩們不知道經過多少次反覆調製才成功的一種鹽水滷製法，因而一直延續至今。單一味鹽水浸烏橄欖是要經過採摘，加草木灰摩擦清洗，用開水浸泡，再燒開鹽水後讓它冷卻，把泡開了的烏橄欖進行浸滷，讓它有一個黃滷的過程。

細心分析可發現，用草木灰去摩擦清洗是一個關鍵點。烏橄欖樹在日常的生長中，果子會含有一些油脂，多少都會沾一些塵土粉，於是烏橄欖才會是灰赤黑色。如果不用炭灰去摩擦清洗，去掉烏橄欖身上的油脂，浸滷後的烏橄欖會有異味，也不宜長期存放。

另外，浸鹽水烏橄欖還必須把水溫、時間控好，泡水的溫度高了和浸的時間久了，都會影響烏橄欖的肉身和口感。弄懂了鹽水浸烏橄欖的原理，你想改變其他味道就順理成章了，如南薑麩浸烏橄欖、醬油湯浸烏橄欖的出現，便不足為奇了。

曾經與原龍湖區委書記張弟高先生交談過家鄉普寧的烏橄欖，他說普寧及其他地方的烏橄欖品種多樣，比較出名的有牛頭欖、蠅皮欖、車酸（心）欖、三棱欖、吊思茅烏欖，這些欖營養豐富，並有大量的微量元素，對人體特別有益。

烏橄欖樹都是生長在亞熱帶地區，主要分佈在印尼、越南、柬埔寨、老撾，以及中國的雲南、廣西、廣東、海南等地。

烏橄欖樹在中國屬南方果子，其果子結成時呈灰赤黑色，經用草木灰摩擦清洗後，表現出烏金亮色。肉是淺紅色，心核殼堅硬，擊碎後內是白色的欖仁肉，油脂含量偏低，略帶有酸香氣息，輕嚼時，酸甘氣息穿鼻而過，韻味奇妙，是植物果仁中的佼佼者。

廣東人喜歡做五仁餅，其中的果仁之一便是欖仁，而五仁餅的欖仁取自增城西山鄉村。據說增城西山烏橄欖肉厚實皮薄，欖核大粒肉仁飽滿。他們只要用熱水小浸一下，然後用小刀在烏橄欖的中間輕轉一圈，兩邊欖肉便形成欖角，自行脫落，然後用鹽輕輕攪拌，翻撥均勻，便是我們日常見到的烏欖角了。而用厚重一點的刀從欖核的中間輕輕一剁，欖核即斷裂跳開，欖仁露出便可取出，然後浸泡去膜，便是雪白的欖仁了。

欖仁的應用已經略做介紹了，那麼，欖角肉呢？

炒烏欖角肉在潮菜中是一款風味小吃：把幾粒蒜頭拍碎後，放入鼎中用油煸赤煎香，然後把欖角肉匯入去炒，鹹香味旋即飄出，是佐食粥飯的上等雜鹹。順德人做池魚時，也喜歡用烏欖角肉去蒸魚肉、蒸排骨，他們覺得烏欖香的氣味很獨特。

潮汕人喜愛工夫茶，在品茗的講究上不亞於龍井之韻。取火燒水沖茶，深山的礦泉水當然不在話下。更有甚者，採用欖核燒成的火炭來煮水。欖核炭燃燒後，無煙，炭火青藍，耐久，是燒水沖工夫茶的首選。

欖角

欖炭

代後記

吃飯配古　人間至味

◎黄曉雄

（原汕頭電視台攝影記者）

老鍾叔筆名“獨孤尋味”，從事餐飲業幾十年，潛心經營味道，本著“臉給你，錢給我”的宗旨，遠離名利場，悶聲做潮菜。“獨孤”二字，大概就是我不跟別人玩的意思吧。不承想，這幾年加他微信的人多了，有人竟把“獨孤”錯讀成“孤獨”，他不高興了——“別人不跟我玩，那才叫孤獨”。

我認識老鍾叔，是從 2016 年拍攝“七一屆廚師培訓班 45 週年”紀錄片開始的。初識老鍾叔，只覺他説話聲音洪亮，走路帶風，霸氣側漏，聊起天來滔滔不絕，談起事來觀點獨特，他的逆向思維常常讓我大為詫異。坊間都説東海酒家的菜金昂貴，他卻説，品嚐到好的東西，付多一點菜金那叫物有所值，只能説是“錢多”，物無所值的才叫“貴”。如此雄辯，你敢不服嗎？

老鍾叔疼愛晚輩，紀錄片雖然拍完了，他卻時不時約我們這群後生吃飯，我也有幸能經常品嚐到他親自操刀烹煮的菜餚。更幸運的是，我們不僅把飯吃了，還能聽他在一旁把各個菜品的故事細説一通。老鍾叔記憶力超強，猶如頭腦裏植入了電腦芯片，七十多年的人生經歷悉數轉換成數據存儲起來，甚至連飲食前輩給他講過的故事、説過的話，他都記得一清二楚。我們都說他是裝了滿肚子的“古”（故事）。所以，若問我的美食體驗如何，答曰：吃飯配“古”，人間至味也！

每逢下雨天的週末，老鍾叔經常會致電邀請我去吃一碗老汕頭味道的“鴨粥”，同時還會再加上一道“五香果肉”，只因這是我最喜歡的菜品之一，酥脆甘甜的五香氣息總讓人欲罷不能。這道菜配的“古”，是他對恩師羅榮元師傅的回憶：“羅榮元師傅早年在傳授給我們這道潮菜時說過，此菜的食材原本是廚房的下腳料，廚師在整理食材時，發現一些豬碎肉有利用價值，通過加入其他輔助料，粗料細做，完美呈現了一個全新的菜餚，實屬精神可嘉。”我喜歡這道“五香果肉”，只因菜餚裏不僅色香味俱全，更包含著廚師的敬業精神，還有老鍾叔時時不忘恩師的情感。

有一段時間老鍾叔迷上了橄欖糝，研製出了一味獨門橄欖糝湯，湯水之甘，其味之美讓我等食客為之驚豔。只見他單手持碗把湯一飲而盡，咂了咂嘴說道：“很多食材都需要你去理解它，理解了才能讓它最大限度地發揮作用。橄欖糝雖是家常雜鹹，運用得好，也可以上酒席的。”接著他又說了一個故事。幾年前，香港有位著名潮商託人來電諮詢：小時候覺得橄欖糝煮魚很好吃，為何現在總是吃不到兒時的味道？老鍾叔略一思索便跟對方說要如此這般處理，果然奏效。原來，這位潮商的家廚在煮魚的時候習慣性使用了高湯，高湯的味道蓋過了橄欖糝的味道，因此才吃不出兒時的感覺。老鍾叔的處理方式是：改用清水煮魚。他解釋，富貴人家的家廚在烹飪時肯定敢於落料，而我們小時候飯都吃不飽，怎麼可能有高湯來煮魚？清水煮魚才有古早味道。老鍾叔還調侃道：“我當初跟諮詢的人說了，這位潮商這麼有錢，諮詢費得五萬元，至今還未到賬呢。”引得眾人哈哈大笑。

以上趣事，只是老鍾叔滿肚子“古”中的冰山一角。讓人忍俊不禁的故事還有太多太多。例如本書提到的，服務員將炒薄殼寫成“炒手槍”、他年輕時候“抓水雞”的經歷。還有很多未曾收入書中的趣事，如他在廣州開辦廣海食府時“唱一首歌減去物業費 100 萬”的故事。老鍾叔還有很多與吃食相關的口頭禪：“食乞人滷，邁餓乞人笑”“酒杯空，人輕鬆”“食酒鬆筋骨，生仔肥律律”。諸如此類的口頭禪，都是飯桌上頻頻被點播的案例。

近事不忘，往事漸清。這幾年，老鍾叔在友人的鼓勵下，跨界寫書，筆耕不輟。他説，很多文人都棄筆拿菜刀玩美食了，我這是棄刀拿筆玩文學。老鍾叔偶爾將文章發佈到他的微信公眾號上，總能引起一些網友的點讚。需要説明的是，他所有的文章都是在手機上寫的，這是讓人十分佩服的事情。

不知不覺，我的手機裏也已存了幾百篇老鍾叔的文章，閒來細讀，有味有趣。有一天，他突發靈感説，能不能把一些發過公眾號的文章彙集起來，出一本書。説幹就幹，我們馬上選文章、校對、拍圖、排版。近期，我們終於把老鍾叔飲食生涯經歷的趣事彙集成冊。本書選取的文章，相信讀者都已一一讀過了，既有關於魚膠、燕窩辨認的知識，又有各類菜餚的深度解讀；既寫飲食趣事，又賦予菜品情感，讓人過目難忘。

書稿出來了，老鍾叔一頁頁檢閱著書稿對我説，要不這本書的後記你來寫吧。吾何其有幸！

都説富貴三代，方知飲食滋味。按照我的經驗，要迅速理解潮菜的滋味，讀老鍾叔的文章可能是條捷徑。若有機會，請讀者一起來食飯配“古”。

鳴謝

感謝韓榮華、黃曉雄、陳芳谷、馮卓帆、陳育偉、林堅木、詹英德等，以及 1971 年廚師班的師兄弟等對本書出版所付出的一切辛勤勞動。

名廚獨門食譜

01 紅桃粿

粳米處理具體步驟

❶ 粳米經過幾個小時的清水浸泡，米粒吸收水分至感覺到鬆軟，撈起滴去水分。

❷ 用石臼仔把泡水後的粳米搗爛成粉，用篩斗將它過篩，讓其成粉狀，然後曬乾。

❸ 曬乾後的粳米粉放入大陶瓷缽內，沖入滾水，一邊沖一邊攪拌，達到黏緊成團後轉用手抓揉。在抓揉過程中加入紅英米（食物紅色素），使整個粳米粉團著色均勻。在沖製的時候，要注意加入一點紅英米，這樣才能粿皮帶紅色，是名副其實的紅桃粿。

❹ 由於粳米粉團無纖維性，所以需要反覆抓揉，並且要保持有溫度且不失水，這樣粳米粉團才不會變硬。

糯米餡的搭配

❶ 糯米淘洗後放入蒸籠炊熟，炊的糯米飯相對顆粒分明。

❷ 把需要搭配的鮮蝦肉、肥瘦肉、濕香菇、乾蝦米剁成細粒，蔥和芹菜切成幼粒。

❸ 把剁好的蝦肉等放在鼎中炒熟，隨後加入蔥和芹菜，調入味精、魚露、胡椒粉，再和糯米飯攪拌均勻即成餡料。

包裝成紅桃粿的過程

❶ 根據粿桃的模具大小取出粳米粉團，用手指捏出一個碗形來，裝上糯米餡料，用手指捏緊收口，在收口的同時把它修成桃形，便於放入粿印模具壓印成形。

❷ 蒸籠裏鋪上濕布，放入印好的紅桃粿，用蒸汽蒸 10 分鐘即好。

02 煎黃金茄汁粿條

原材料

米漿粿條 1000 克，生番茄 3 粒，茄汁 100 克，豬頸肉 100 克，鮮蝦仁 100 克，蔥 2 根

調配料

味精、白糖、魚露、醬油、麻油、濕粉、生油

具體步驟

❶ 將粿條撕開分離，用少許醬油上色候用。把生番茄用滾水燙一下，撕去外皮，切開後除去內籽，用刀搗碎候用。蔥切成小段，候用。

❷ 豬頸肉切細片，鮮蝦仁片開，然後用醬油上色醃製，掛上濕粉護身，候用。

❸ 鮮蝦仁和肉片拉油，再把番茄碎放入鼎中煮成漿狀，調入蔥段、茄汁、白糖、味精，再把肉料匯入，調至適合的口感後，裝進煲中。

❹ 燒鼎熱油，投入粿條，通過炒熱、炒透後鋪開，然後用慢火煎至兩面金黃色。

03 伊麵

原材料

麵粉 500 克，雞蛋 200 克，生油適量

具體步驟

❶ 先用雞蛋把麵粉和在一起，用手搓成一團，再用擀麵棍擀成薄薄的一張張蛋麵，疊成有層次的捲，再用刀橫切成細幼的麵條。

❷ 水煮沸，把切好的蛋麵絲分成四份，放入滾水中煮熟撈起，放入冷水漂涼再撈起，瀝乾水分候用。

❸ 燒鼎熱油，把漂涼後的蛋麵絲逐份放入油鼎中熱炸，炸的時候會迅速膨脹，在伊麵條呈金黃色時撈起即好，這樣的伊麵能存放多天。

❹ 炆或者煎伊麵的時候，必須取一定分量的伊麵進行回水復軟，特別要用滾水煮至麵條軟身後才能撈起。（炆伊麵和煎伊麵是用兩種不同的烹調法，在搭配輔料上不盡相同，一定要明白，不能混淆。）

04 炆雞絲伊麵

原材料

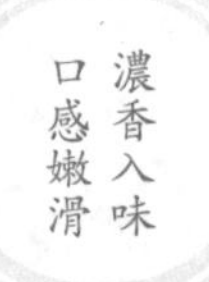

炸熟伊麵 500 克，蝦仁 100 克，雞絲 200 克，韭黃 50 克，香菇絲 25 克，上湯 500 克，芫荽 10 克

調配料

味精、魚露、胡椒粉、麻油、生油、薄粉、浙醋各適量，水少許

具體步驟

❶ 先將蝦仁、肉絲拉油候用，再將香菇絲、韭白炒香候用。

❷ 用上湯將伊麵炆軟，再投入所有配料，和其他調味料一同燴均匀，加點薄粉水收緊湯汁即好，最後芫荽點綴，配上浙醋。

05 佃魚煮鹹麵線

鹹麵線幼滑，湯清甜，鮮味強烈

原材料

佃魚 500 克，鹹麵線 200 克

調配料

蔥珠、芫荽、冬菜、味精、魚露、豬油均適量

具體步驟

❶ 佃魚開膛去頭，洗淨切塊，用魚露醃 20 分鐘。清水煮開，把鹹麵線飛水後漂涼候用。

❷ 取鍋注入清水煮沸，清水要根據食材多少而定。水煮開後投入佃魚（投入前要把魚露浸液瀝乾），再投入鹹麵線，依次投蔥珠、冬菜、芫荽、調好味精、豬油即好。

06 荷蘭薯粿

原材料

生荷蘭薯 500 克，半瘦肥肉 100 克，乾蝦米 25 克，乾貝 25 克，蒜仔 50 克，芹菜 50 克，番薯粉 125 克，粘粉 25 克，腐皮 2 張

調配料

味精 3 克，胡椒粉 5 克，辣椒醬 25 克，魚露 15 克，熟豬油 25 克

具體步驟

❶ 把生荷蘭薯刨去外皮，洗淨，切片，放入蒸籠炊熟，取出後碾成荷蘭薯泥，候用。

❷ 半瘦肥肉切細粒；乾蝦米和乾貝用清水泡洗一下，達到能切碎的條件後，把它們切碎；蒜仔和芹菜同樣洗淨後切碎候用。

❸ 取食盆一個，把荷蘭薯泥放入盆內，加入味精、胡椒粉、辣椒醬、魚露、熟豬油。攪拌均勻後加入半瘦肥肉粒、碎蝦米、乾貝、蒜仔和芹菜，繼續攪拌。最後加入番薯粉和粳米粉混合，攪拌均勻。

❹ 腐皮鋪開，把攪拌好的荷蘭薯餡料分別捲成三條，然後放入蒸籠炊至 30 分鐘。不宜大火，大火容易使其裂開。

❺ 熟後取出晾乾，吃時切片慢火煎至金黃，配上辣椒醬或者甜醬。

07 甜八珍糯米飯

原材料

生糯米 300 克，白膘肉 25 克，浸發好的白果肉 15 克，浸發好的蓮子 15 克，枸杞 10 克，瓜丁 10 克，橙餅 10 克，柿餅 15 克，白芝麻 10 克，白糖 200 克，青蔥珠 15 克，豬油適量

甘甜 柔糯

具體步驟

❶ 生糯米淘洗淨，放入蒸籠炊熟後取出，隨之加入適量豬油和白糖，讓糯米飯鬆開不黏緊，候用。

❷ 白膘肉切細粒，然後用白糖醃製 20 分鐘以上。把浸發好的蓮子油炸後用刀輕拍一下，瓜丁、橙餅、柿餅切粒，白芝麻炒香，青蔥珠用豬油煎成蔥珠膀。

❸ 把所有切好的餡料、蔥珠膀和糯米飯調和一起，隨之分入大碗公內壓實，再放入蒸籠炊 5 分鐘取出，反扣到盛器即成，也可淋上一點白糖漿。

08 八寶素菜

原材料

潮汕大白菜一株約 750 克，蓮子、栗子、腐竹、冬筍、甘筍各 25 克，濕香菇 8 個，髮菜 10 克，老雞半隻約 500 克，瘦肉 500 克，上湯 100 克

調配料

味精、精鹽、胡椒粉、麻油、濕粉水、生油均適量

具體步驟

❶ 大白菜洗淨後切成條段狀，蓮子水發。栗子用刀切開，放入滾水煮沸讓其殼分離，取出栗子肉。腐竹浸水回軟後剪成節段，冬筍和甘筍（胡蘿蔔）剝去外皮，用刀改成角條狀，同時把髮菜洗淨一同候用。

❷ 燒鼎熱油，把白菜炒熟，然後用上湯炆至軟身，同時把老雞、排骨、瘦肉蓋上去燜燉，讓白菜慢慢吸收肉汁。

❸ 濕香菇和髮菜炒香，同時把其他切好的輔助材料油炸，然後漂洗去掉油漬後，加入上湯，用濕煮的方法讓其回軟，適宜擺砌。

❹ 取大碗公一個，用扣法的手段把髮菜放在大碗公的底部，然後把其他食材對應，順邊擺砌，最後把白菜放到中間和上面，再把蓋料肉覆蓋上，放入籠巡，用隔水燉法燉 30 分鐘。

❺ 上席時，取出大碗公，用翻轉的倒扣手法，把八寶素菜完美扣在半深淺的圓盤上面，然後把原汁瀝出，勾上芡汁後淋上即好。

09 炸佛手水雞

原材料

大隻活水雞 6 隻，雞蛋 2 個，麵粉 200 克，生薑 25 克，生葱 2 條，菠蘿肉 250 克

調配料

味精、精鹽、胡椒粉、白糖、白酒、白醋、生油均適量

具體步驟

❶ 活水雞開膛後，剝去外皮，洗淨內臟，取出兩隻大腿，從大腿中去掉母腿內骨，外面讓一根細骨連著，同時把爪斬掉。

❷ 水雞腿用生薑、生葱、白酒、味精、精鹽、白糖、胡椒粉醃製 20 分鐘。同時把雞蛋打成蛋液，菠蘿肉切成細粒，一起候用。

❸ 燒鼎熱油，油溫在 120℃以下，把水雞腿逐隻拍上麵粉後蘸上蛋液，然後放入鼎中炸，注意翻轉，待炸至金黃色後撈起。

❹ 用糖醋將菠蘿肉粒調成酸甜汁，配上炸好的水雞腿，即好。

10 芝麻甜乾麵

原材料

擀好的生麵條 200 克，炒熟的芝麻，紅糖末粉，葱珠朥、芫荽各少許

具體步驟

❶ 將生麵條放入滾水上燙熟撈起，分成四碗，撒上紅糖末粉。

❷ 把芝麻碾一下分別放在紅糖上面，加入葱珠朥、芫荽即好，吃時請用筷子或湯匙攪拌均勻。

11 乾炸肝花

原材料

豬肝 1000 克，白膘肉 300 克，鮮蝦仁 200 克，生蔥 500 克，雞蛋 2 個

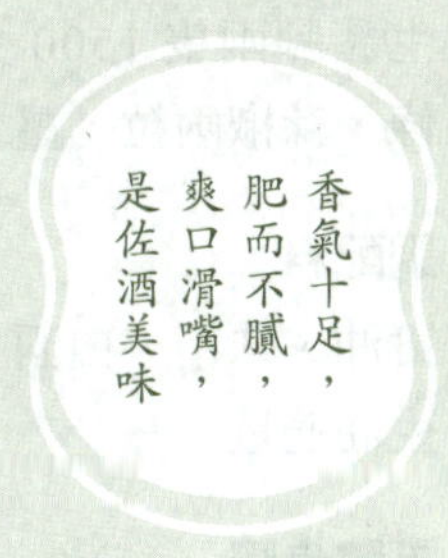

調配料

川椒末、胡椒粉、味精、鹽、白糖、麵酒、乾芡粉均適量，豬網油 2 張（註：食用油作為熱炸時所需，必備用一定的量，上席時也必備一碟甜醬搭配）

具體步驟

❶ 先將豬肝用刀順刀切，讓其相連，再逆向刀切成齒形片狀。白膘肉用刀改為小條狀，再橫切成小薄片，一起放入菜盆內。

❷ 鮮蝦仁洗淨瀝乾，用刀平拍成蝦膠，取蛋清加入，調上幾粒鹽把蝦膠攪成蝦漿後，加入豬肝、白膘肉中。

❸ 蔥去頭洗淨，取蔥白大部分，用刀斜切成小段後匯入盆內，再調入味精、鹽、白糖、胡椒粉、川椒末、麵酒，攪拌均勻，再加入少許芡粉。

❹ 豬網油洗淨瀝乾水分，逐張鋪開，把拌好的肝花餡沿邊投放，再捲成圓狀，放入蒸籠炊 10 分鐘，取出晾乾，改成小段候用。上席時根據人數，取出若干小段，再用薄粉漿裹緊肝花，放入油鍋熱炸至金黃後撈起，改切成圓塊，淋上少許胡椒油即好。

12 家庭式炆豬腳

原材料

生豬腳兩隻1500克，濕香菇50克，青蒜仔兩條，辣椒兩粒，薑一小塊，芫荽一小株

濃香入味，雖黏口但不膩，膠原蛋白質強烈

調配料

醬油、味精、白酒、白糖、辣椒醬、麻油、酒、生油適量

具體步驟

❶ 豬腳去淨細毛和蹄殼，破開掰斬成細塊，洗淨候用，青蒜改段，生薑切片。

❷ 熱鼎下少許油，將香菇炒香後備用，再將蒜段、辣椒、薑等爆香後下豬腳進行猛炒，邊炒邊加酒、醬油、白糖、麻油等，讓鼎氣突出。

❸ 加入滾水，轉慢火炆至黏膠緊身，再把香菇投入，收緊湯汁即好，過程需要40分鐘左右。

13 羔燒羊肉

原材料

羊腩肉1200克，肉骨600克

濃香入味，醇厚氣息，強烈的椒麻味衝擊羊肉的殘餘腥味

調配料

川椒、八角、桂皮、香茅、蒜仔、芫荽、蔥、白肉、薑、味精、胡椒、鹽、白糖、醬油、麻油、白酒、茨粉、生油（以上配料均酌量）

具體步驟

❶ 將羊腩去細毛洗淨，再用開水燙一下撈起，醬油與芡粉和成漿糊塗在羊腩肉上，讓其均勻著色。

❷ 燒鼎熱油，羊腩肉下油炸至金黃色撈起，瀝乾油後將羊肉下鼎，注入湯水，加入肉骨蓋料。加入八角、桂皮、南薑、香茅、辣椒、蒜仔、芫荽、白糖、味精、醬油、酒等食材，一起炆至羊肉軟爛入味後撈起。

❸ 蔥白切碎加小部分白肉剁爛，川椒粒炒熱碾末，把蔥泥下鼎炒香加入川椒末，熱成金黃後加入調和味道，勾芡做成玻璃川椒糊。

❹ 把炆好的羊肉再用油炸至外脆裏嫩撈起改塊。這時有兩個上菜的方式可以選擇：一是把羊肉與玻璃川椒糊一起在鼎內完成入味；二是把玻璃川椒糊淋在盛器盤內後，再把炸好的羊肉放在糊汁上面即完成。可配上糖醋醃製的吊瓜龍或菜頭龍。

14 牛肉丸

原材料

牛腿包肉 2000 克，白肉 500 克，魚露 50 克，生粉 100 克，鰈魚末 50 克

調配料

味精、鹽、冰水均適量

具體步驟

❶ 牛腿肉去筋改小片塊狀，放在砧板上用鐵錘用力敲打成泥漿狀，過程加點鹽更易起膠。

❷ 魚露和生粉調成粉漿後，加入牛肉泥漿中。用手搓均勻後加入鰈魚末和白肉粒，再用手擠成丸狀，放入溫水中囿成形。

❸ 用慢火把擠好的丸煮至熟透，即好。

15 蓮花荷包雞

形似神似，
雞肉嫩滑，
番茄汁酸甜得當，
消食開胃

原材料

光雞 1 隻約 600 克，雞蛋 2 個，麵粉 600 克，番茄 2 個，濕香菇 2 個，蔥 2 根，番茄醬 200 克

調配料

味精、胡椒粉、白糖、麻油、生油、芡粉、清水均適量

具體步驟

❶ 光雞洗淨去骨取出雞肉，用刀把雞肉平片，用縱橫直切刀法把雞肉放花，根據雞肉的紋路切成雁隻塊。番茄、香菇、蔥切成塊狀一同候用。

❷ 取麵粉分成三份，兩份用冷水和成麵團，一份用滾水沖成熟麵團，同樣用擀麵擀成圓形麵皮。冷水麵皮分兩份，一份留用，一份用刀對角切成六角形。

❸ 取大碗公一隻，碗底抹油，把一份切六角形的生麵放在碗底，再把熟麵放在平鼎上煎至金黃，切六角形，再覆疊放在生麵上，候用。

❹ 燒鼎熱油，雞肉用濕粉水拌勻後溜過油，瀝乾，倒去油後投入雞蛋炒熟，再投入番茄、香菇、蔥段一起炒熟，隨之調入番茄汁、白糖、醬油、味精、胡椒粉等調味品。收緊湯汁後盛入鋪好的麵皮大碗公中，再用另一張生麵皮覆蓋在上面，用手將麵皮沿著碗邊捲成花紋，收緊碗口即好。

❺ 把裝好餡料的大碗公放入蒸籠炊 5 分鐘後取出，用半深淺的圓盤相扣反轉，將切斷的麵皮逐一揭開，形成一朵蓮花狀，即好。

16 素菜荷包鴨

原材料

未開膛光鴨一隻，瘦肉 500 克，髮菜 15 克，濕香菇 25 克，金針菜 15 克，腐竹 15 克，黑木耳 15 克，乾草菇 10 克，白菜 500 克

調配料

味精、胡椒粉、鹽、麻油、醬油、芡粉、上湯、生油各適量

具體步驟

❶ 將未開膛的光鴨，用小刀以脫衣方式脫去內骨及內臟。過程是從頸部開小口後順勢往下拉至兩肩，用小刀挑斷筋肉讓其斷離後，再往下拉至背上。此時是最需小心的時候，因肉與骨貼得最緊。在處理後將整鴨殼脫離，反轉大腿骨，用小刀切掉，形成"荷包"形體，洗淨候用。

❷ 所有食材切絲，用鼎把切絲的食材炒熟加入上湯炆軟，調入味料收緊水分，作為餡料候用。

❸ 將鴨開口處向上，用一點乾生粉在鴨內抹勻，再把炒好的素菜裝入鴨身內，不宜過飽，再用竹籤將口封緊，然後用滾水燙一下，讓外皮收緊，用醬油與薯粉調和成色漿，抹在鴨身上著色。

❹ 燒鼎熱油，待油溫偏高後，下油鼎炸至起色後撈起。取大砂鍋一隻，墊上箅底，把炸好的鴨身放入砂鍋內，倒入上湯，加入瘦肉等蓋料，蓋上鍋蓋，置於爐上慢火煨燉至軟爛滑黏，即好。

17 炸雲南鴨

口感酥脆，濃香入味

原材料

光鴨1隻750克，粗豬骨600克，生薑25克，南薑25克，青蒜2條，紅辣椒2粒，青蔥2根，芫荽2株，八角10克，桂皮10克，川椒10克

調配料

味精、醬油、白糖、白酒、麻油、乾薯粉、濕粉水、生油均適量

具體步驟

❶ 光鴨洗淨，在背上開一口，再用乾薯粉和豉油調成色漿，塗抹在光鴨身上，待用。

❷ 燒鼎熱油，把塗好色的光鴨放入油中炸至金黃色後撈起，放入鍋內。隨之加入粗豬骨，依次把生薑、青蒜、南薑、紅辣椒、八角、川椒、芫荽放入，注入湯水，用大火燒開後轉慢火㷛燉至熟爛，取出放涼，候用。

❸ 青蔥切細後與川椒末一起爆香，取原汁調成糊汁，淋在盤上。

❹ 把熟爛的鴨身上的大骨取出，鴨身拍上乾粉，放入熱油中炸至酥脆，撈起後切塊，放入裝有川椒糊汁的盤子，即好。

18 居平鴨粥

原材料

光土鴨 1 隻約 600 克，蒜頭 25 克，嫩薑 25 克，紅辣椒 15 克，醬油 25 克，本地辣椒醬 50 克，豬雜骨 500 克，青葱 25 克，芫荽 25 克

調配料

味精 5 克，白糖 5 克，鹽 8 克，麻油 5 克，生油 5 克，水 200 克，煮粥大米 250 克

具體步驟

❶ 光鴨洗淨擦乾水分，斬成細塊，蒜頭、嫩薑、生辣椒剁小粒後熱香，至金黃色後倒入辣椒醬煎至起味，把鴨肉倒入鼎中翻炒，邊炒邊加入醬油、白糖、鹽等調料。

❷ 鼎氣飽滿後再注入湯水，把豬雜肉骨放入一起炆，慢火炆二十分鐘後，帶有嚼勁的鴨肉便好了。特別要注意，炆好的鴨肉要含有一定量的湯汁，以便泡粥之用。

❸ 大米洗淨後放入鍋中用水煮，當米粒熟了又不開花時，便用飯漏撈起飛冷水，讓飯米粒有口感而不黏連。

❹ 吃鴨粥，先將飯米粒用滾水燙熱，放入碗中，再把含汁的鴨肉按量加入，然後灌上部分粥漿水，撒上葱花、芫荽點綴，一碗帶有辣椒油的、香氣飄溢的鴨粥便好了。

19 鴿子吞燕

原材料

未開膛的光鴿 1 隻，浸發好的燕盞 50 克，用原鴿骨加赤肉、老雞燉好的上湯 200 克，芹菜 5 克

調配料

味精、精鹽各少許

具體步驟

❶ 未開膛的光鴿鴿頭向上，用剪刀在頸上開一小口後拉開脖子剪斷後，順勢向下拉。特別要注意兩肩骨的筋肉，與背部的骨肉分離，以免破口，脫整鴿的過程需要 5 至 10 分鐘。

❷ 把浸發好的燕窩裝入脫骨好的鴿子腔內，注意勿過量，然後用竹籤把脫口封緊，飛水撈起後用冷水清洗皮膜及細毛，用清水燉 10 分鐘後撈起。

❸ 放入有蓋的燉盅後注入上湯，調好味道，蓋上盅蓋，再覆蓋食品絲紙貼緊，放入蒸籠隔水燉約 40 分鐘，即好。上席時配上芹菜粒。

20 滾湯魚生粥

原材料

魚生肉 200 克，熟泡飯 100 克，蔥珠勝 10 克，芹菜粒 5 克，茼蒿菜 50 克，清上湯 1000 克

調配料

南薑末、魚露、味精、胡椒粉均適量，滾湯一大碗

具體步驟

❶ 先將魚生肉切薄片放入碗底，加入調味魚露、味精、南薑末。

❷ 把上湯煮滾沸，沖入碗底，魚生片浸熟，留三分之二上湯候用。

❸ 把泡飯用滾水燙熟後放在魚片上，加上蔥珠勝和芹菜粒，幾葉茼蒿菜，把剩餘的上湯灌入，同時把魚片輕輕翻到上面，即成。

21 豆醬薑煮草魚腹

原材料

草魚腹 400 克，豆醬薑 100 克

調配料

味精、醬油、生油、芫荽均適量

具體步驟

❶ 魚腹洗淨，用刀順魚肋骨縫切小條塊，將豆醬薑改片切小條狀。

❷ 取鼎中火燒熱，下少許生油，把魚腹肉煎至金黃，投入豆醬薑，注入清水煮開，下味精、醬油，收湯，放上芫荽即好（注意湯汁不宜過少，醬油有調色的作用）。魚腹是魚身上最活躍的一部分，加上部分脂肪滲透，煮出後產生的香味特別誘人。

22 美味魚頭羹

> 入口順嘴，鮮薑味
> 穿透魚頭皮、唇肉，
> 吃後必定再思量。

原材料

草魚頭 2–3 個，上湯 500 克，嫩薑 1 塊，雞蛋 1 個，火腿 1 小塊，芫荽 1 小碟

調配料

味精、胡椒粉、粉水均適量，豬油少許

具體步驟

❶ 草魚頭去鰓洗淨放入蒸籠蒸熟，取出候涼後去骨去魚眼，留下魚頭皮、唇肉。要特別注意的是，魚骨一定去清。

❷ 嫩薑切幼絲，火腿切幼絲，雞蛋煎成蛋薄切絲。

❸ 取鍋洗淨注入上湯（上湯要瀝清湯渣），火候宜中火至沸點轉慢火，先用粉水調和成糊狀，再投入魚頭皮、唇肉，隨後逐樣投入薑絲、火腿絲、蛋絲，調好味道即好。

23 松魚頭燜芋

> 魚頭鬆軟肉嫩滑，
> 芋頭粉而香味足，
> 湯濃氣息強。

原材料

松魚頭 1 個約 750 克，芋頭半個約 300 克，五花肚肉 100 克

調配料

蒜頭 25 克，薑片 25 克，芫荽 15 克

具體步驟

❶ 魚頭改塊，芋頭改塊後用油炸一下撈起，蒜頭炸至金黃，五花肚肉改細片。

❷ 肚肉墊底放進砂鍋裏，芋頭和松魚頭、蒜頭一同放入加滾水至芋頭香氣噴發，再加入調味品，鹹淡適宜時，芫荽點綴助香。

24 芙蓉魚盒

原材料

草魚 1 條約 1500 克，肥瘦肉 200 克，鮮蝦仁 100 克，濕香菇 25 克，馬蹄 25 克，鰈脯魚乾 15 克，雞蛋 2 個，麵粉 250 克，薑 25 克，蔥 25 克

調配料

味精、鹽、白糖、白酒、胡椒粉、麻油、生油均適量

具體步驟

❶ 草魚去鱗開膛洗淨擦乾水分，用刀去骨留存兩片魚肉再撕掉皮，魚肉切成 6 厘米一段，再順勢用平刀把魚肉平片開，讓其相連，用薑、蔥、酒、鹽醃製 20 分鐘。

❷ 把肥瘦肉剁爛，蝦仁拍漿起膠，香菇馬蹄切細，鰈脯魚炸脆碾碎匯在一起，調入味精、鹽、胡椒粉，和成肉餡。

❸ 魚片平開，釀上肉餡再把魚片合上，做成長方形的魚盒後，再拍上乾麵粉。取雞蛋打成蛋漿液候用。

❹ 燒鼎熱油，逐塊魚盒掛上蛋漿液後放入油鍋內，熱炸至金黃色撈起，揉盤後，配上甜醬即好。

25 潮式蝦仁炒魚麵

原材料

馬鮫魚肉 250 克，其他魚肉 250 克，雞蛋 1 個，鮮蝦仁 25 克，芡粉 20 克，韭菜白 25 克，豆芽菜 25 克，香菇 10 克，鰈魚末 10 克

調配料

精鹽、味精、魚露、麻油、生油均適量

具體步驟

❶ 馬鮫魚肉與其他魚肉參半（總量 1 斤），用刀背拍成膠狀，加鹽、蛋清，揉和後一邊拍粉，一邊把它輕輕地壓成緊身的魚膠團，候用。

❷ 用紗布包把芡粉包緊，邊擀魚團邊撒粉，達到不黏手狀態，再把魚膠團在案板擀成薄魚麵皮，用刀切絲，成麵條狀。取鍋煮開水，將生魚麵煮熟撈起漂涼，待用。

❸ 燒鼎熱油，將蝦仁用油溜熟後撈起，其他配料切段切絲，一起下鍋炒熟，注入起香後調料品，勾薄芡，再把魚麵倒入鼎中用慢火炒至鮮味突出，投入蝦仁和鰈魚末復炒即好，上桌時配上浙醋。

26 酸梅肉絲蓋料炊鯧魚

原材料

斗鯧魚一條 1000 克左右，潮式醃製鹹梅 100 克，肥瘦肉 100 克，濕香菇 2 個，紅辣椒 1 粒，生薑 1 塊，鹹菜尾葉 2 張

調配料

味精、白糖、鹽、胡椒粉、麻油、豬油、粉水均適量

具體步驟

❶ 斗鯧魚開膛、去鰓、刮去魚鱗後清洗乾淨，用刀在魚身上切上菱花圖案，順刀勢而切也好。

❷ 鹹梅去核後，用刀輕剁幾下，肥瘦肉、濕香菇、紅辣椒、生薑都切成絲條狀，與鹹梅混合，再加入調料品，攪拌均勻成蓋料。

❸ 鹹菜尾葉墊在盤底，斗鯧魚放在鹹菜尾葉上面，酸梅蓋料覆蓋在鯧魚上面，鋪開均勻後放入蒸籠，約 12 分鐘後取出，即好。

27 芝麻燜魚鰾

原材料

金龍魚鰾 100 克，濕香菇 8 個，冬筍 50 克，蝦米十幾個，赤肉 200 克

調配料

味精、魚露、胡椒粉、上湯、濕粉水、生油、芫荽均適量

具體步驟

❶ 取鼎燒熱下油，通過油溫讓魚鰾慢慢膨脹發透，撈起進行清水滾煮後，洗淨切段候用。

❷ 冬筍去殼削去硬皮，然後切成斜角塊。

❸ 將香菇下鼎炒香，蝦米、筍角投入炒勻，加入魚鰾後注入上湯，再把赤肉片放入，與魚鰾一同炆至軟身入味。如無金龍魚鰾，可用鰻魚鰾，效果一樣。調上芝麻醬入味，粉水收汁。上盤時去掉赤肉，用芫荽點綴為妙，上席配浙江醋。

28 炸脆漿黃跡魚

原材料

黃跡魚 500 克，脆漿粉 250 克

調配料

味精、鹽、生油均適量，佐料用甜醬

具體步驟

❶ 用小刀將黃跡魚刮去魚鱗，洗淨瀝乾水分，用少許鹽和味精醃製。（掛漿炸黃跡魚亦可以不刮去魚鱗，因為黃跡魚的鱗多有脂肪，它和鰣魚、鯽魚一樣都是可以不去掉魚鱗烹製的，能起到酥脆增香的效果。）

❷ 脆漿粉用清水和開，加少許生油調均勻。

❸ 燒鼎熱油，溫度在 120 攝氏度左右，將黃跡魚逐條蘸脆漿麵糊後放入鼎中熱炸，其間不停翻轉，讓其受熱均勻，達到雙面金黃即好。

29 炸菠蘿豆腐魚

原材料

佃魚 1000 克，菠蘿 1 粒，脆漿粉 500 克，芹菜若干條

菠蘿的果酸汁表現強烈

調配料

味精、胡椒粉、精鹽、白糖、料酒、白醋、生油均適量

具體步驟

❶ 將豆腐魚去頭開膛，用刀把肉平行片開去掉內骨，讓兩片魚肉相連，再用味精、鹽、胡椒粉、酒醃製候用。

❷ 菠蘿去皮去心，削去菠蘿眼，切成小條狀候用，把脆漿粉用水和開候用。

❸ 燒鼎熱油，逐條鋪平魚肉，將菠蘿條放入佃魚肉內，然後夾緊成棍條狀，再整條用脆漿糊掛上身後放入油鼎裏熱炸，呈金黃色硬脆身段時撈起，用刀對角斜切擺盤即好。

❹ 剩餘菠蘿切細粒，用糖醋調成菠蘿酸甜醬碟配上更完美。

30 炸黃金蟹捲

原材料

蟹肉 300 克，鮮蝦仁 200 克，白膘肉 100 克，馬蹄 100 克，韭黃 25 克，腐皮 2 張，雞蛋 1 個

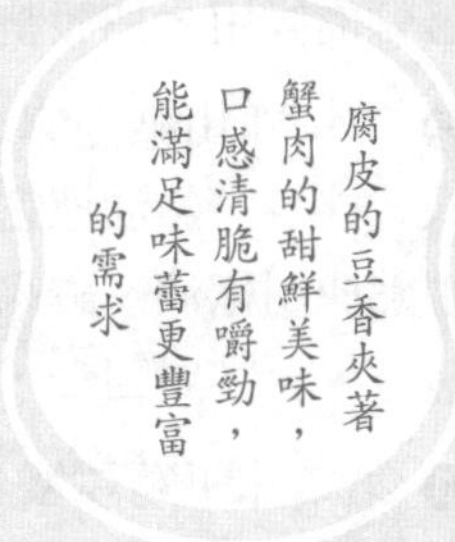

調配料

川椒末、味精、胡精粉、精鹽、白糖、生油均適量

具體步驟

❶ 將蝦仁洗淨瀝乾水分，用刀輕拍成泥，加入味精、鹽、蛋清，用筷子攪拌成膠。

❷ 白膘肉、馬蹄、韭黃切幼粒，一起投入蝦膠中，拌勻後加入蟹肉和調味品，拌勻成蟹肉餡。

❸ 腐皮鋪開，蟹肉餡沿邊順勢捲成條狀後，放入蒸籠炊熟，冷卻後切成寸段。

❹ 燒鼎熱油，把寸段的蟹捲炸至腐皮色呈金黃色即可。上席時配甜醬碟。

31 阿拉斯加蟹三味

原材料

阿拉斯加蟹 1 隻約 4000 克，青蔥 250 克，白膘肉 15 克，濕香菇 2 個，韭黃 15 克，伊麵 500 克，雞蛋 4 個

調配料

川椒末、味精、胡椒粉、白糖、精鹽、魚露、麻油、濕粉水、生油均適量

具體步驟

❶ 阿拉斯加蟹洗淨，將腳斬斷取出，放入蒸籠炊熟，輕拍外殼取出蟹腳肉候用，把殼整個翻蓋留蟹膏候用，蟹身段斬件候用。

❷ 第一味川椒油濕焗蟹腳肉。一、把取殼好的蟹腳肉，用乾生粉穿衣式拌身，熱油把它輕炸一下，讓肉身收緊。二、蔥蓉與川椒末在鼎中熱成川椒油，調入醬油、味精等調料後，把蟹腳肉回鼎輕撥著讓其煎香，至鼎氣回升，味入蟹腳肉之中即好。

❸ 第二味伊麵炆蟹身段。一、把剁好的蟹身段用薄粉掛身，用熱油浸熟撈起。二、伊麵用滾水泡開後與蟹身段一起用上湯炆至入味，韭黃、濕香菇切絲炒香後，加入一起炆至入味，加入調料品調整味道即好，配浙醋。

❹ 第三味蟹殼膏蒸水蛋。一、把蟹殼中的膏黏液取出，挑去蟹腮，蟹殼留用。二、雞蛋加水起打至膨脹，加入蟹膏液與調味攪拌均勻，倒入蟹殼中，放入蒸籠炊熟取出，淋上用油加熱後的醬油拌料，再撒上蔥花即好。

32 薑蔥炒肉蟹

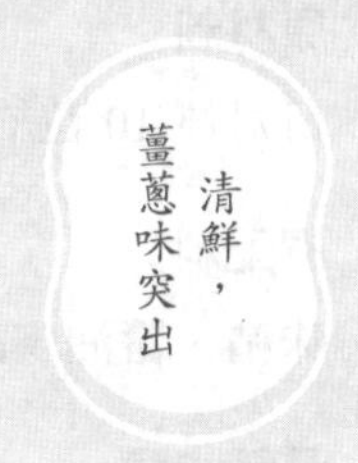

原材料

肉蟹 2 隻約 1500 克，生薑 200 克，生蔥 100 克，紅辣椒 1 粒，白膘肉 50 克，上湯 100 克

調配料

味精、魚露、胡椒粉、濕粉水、生油均適量

具體步驟

❶ 肉蟹洗淨，取出蟹鉗拍破外殼，順刀把一隻肉蟹切成 6 塊，生薑去皮切絲，生蔥和辣椒也切絲，白膘肉切絲，候用。

❷ 燒鼎熱油，薯粉均勻地撒在肉蟹身上，然後放入油中熱炸，不宜過火。

❸ 瀝去油後，把白肉絲放入鼎中炒至出油，加入薑絲、蔥絲、辣椒絲一起炒香，然後把蟹匯入，調入味精、魚露、胡椒粉和濕粉水勾芡即好。

33 蒸粉絲日月貝

原材料

日月貝 10 粒約 2000 克，乾粉絲 100 克，蒜頭 50 克，紅辣椒 1 粒

調配料

味精、醬油、胡椒粉、粉濕粉水生油均適量

具體步驟

❶ 用小刀把貝殼根部挑開，取出日月貝的肉，去掉腸肚，清洗乾淨，然後把貝肉平成 2–3 片。同時把乾粉絲用溫水泡開候用。

❷ 把蒜頭和紅辣椒剁細粒，用生油將其輕煎一下取出，去掉蒜腥味。隨之調入醬油和味精、胡椒粉、溫粉水，調成一碗蓋醬料。

❸ 取貝殼一半，放上浸發好的龍口粉絲，把片好的貝肉放在粉絲上面，再把調好的蓋醬料蓋在日月貝肉上面，放入蒸籠炊 8 分鐘，取出即好。

34 釀百花雞

原材料

光雞 1 隻 600 克，鮮蝦仁 300 克，馬蹄 50 克，白肉 50 克，濕香菇 2 個，紅辣椒 1 粒，芹菜 4 條，薑 2 片，蔥 2 條，雞蛋 2 個

> 嫩滑的雞肉
> 和有彈性的
> 蝦膠融合，
> 彩盤的花頭
> 伴於百花膠，
> 圖案美麗，
> 充滿食欲

調配料

味精、鹽、胡椒粉均適量，配合彩盤雕花件若干

具體步驟

❶ 將光雞洗淨後擦乾水分，起肉去骨，把雞肉平片成兩大片。輕刀在雞肉上放花刀，讓其收縮時不會產生捲力，再用薑、蔥、味精、鹽、胡椒粉醃製 20 分鐘。

❷ 鮮蝦仁洗淨瀝乾水分，在乾淨的砧板上輕拍成蝦泥，放入器皿，加點鹽、味精、雞蛋清，用竹筷用力攪拌成蝦膠狀。

❸ 馬蹄切細，白肉切細粒，拌入蝦膠中攪勻候用，辣椒切幼粒，芹菜和濕香菇同樣切幼粒候用。

❹ 將醃製好的雞肉平鋪在盤中，蝦膠覆蓋在雞肉上，用拌刀抹平面再將辣椒、芹菜、濕香菇粒撒在蝦膠上面形成花色面。入蒸籠炊 10 分鐘取出，切日字塊，平放於彩花盤上，淋上原汁玻璃糊即好。

35 豉油王焗大蝦

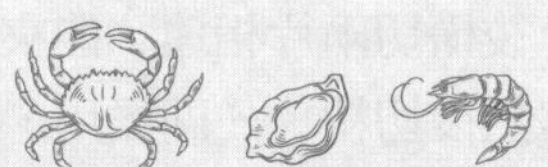

原材料

大花蝦 12 隻約 1600 克，白膘肉 15 克，蔥 25 克

調配料

草菇醬油、味精、胡椒粉、川椒末、白糖、麻油各少許，濕芡粉、生油均適量

醬油在蔥花的襯托下香溢四起，裹緊蝦的身段，絕對會徹底掀翻所有的味道

具體步驟

❶ 蝦開刀去腸洗淨候用，蔥切末，白膘肉和少許蔥再剁爛。

❷ 燒鼎熱油，蝦抹上醬油上色後撒上乾芡粉，放入油裏炸至皮脆肉熟撈起。油去掉後把剁爛的蔥花放在鼎底煎香，加入川椒末、醬油、味精、胡椒粉、白糖、濕芡粉，調成醬香型的糊汁料。

❸ 再把熱炸好的蝦放入醬香糊汁裏快速翻炒，讓蝦在入汁後迅速收乾糊汁，即好。

36 冬瓜扣明蝦

原材料

對蝦脯 6 隻約 400 克，冬瓜 2000 克，濕香菇 4 個，大粒元貝 1 粒，芹菜 25 克，上湯 400 克

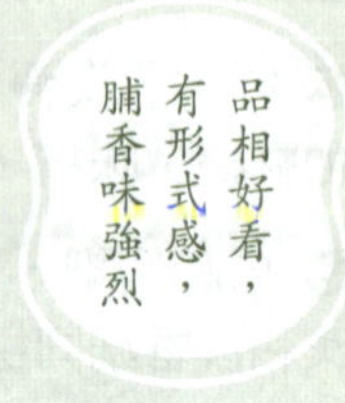

調配料

味精 3 克，精鹽 5 克，胡椒粉 3 克，麻油 5 克，濕粉水 5 克，雞油 15 克

具體步驟

❶ 對蝦脯用濕水浸泡後，剝去外殼，用刀切成兩片。

❷ 冬瓜刨去外皮，去掉瓜瓤，修成半圓，和對蝦片形成對應狀。然後橫切兩片相連，能夾住蝦脯為宜，同時用滾水燙軟，漂涼。芹菜燙熟後切粒，一同候用。

❸ 把蝦片放入冬瓜夾中，可以用竹籤穿緊實，順勢擺放入大碗公內，放入蒸籠蒸 5 分鐘後取出，把竹籤去掉，重新擺回到大碗公，中間放入元貝和香菇，注入上湯，重新放入蒸籠蒸 20 分鐘。

❹ 取出後潷出原汁，把冬瓜明蝦反轉扣出，然後把潷出的原汁調入味精、精鹽、胡椒粉和雞油，勾芡後淋到冬瓜明蝦上，撒上芹菜粒即成。

37 脆漿炸大蠔

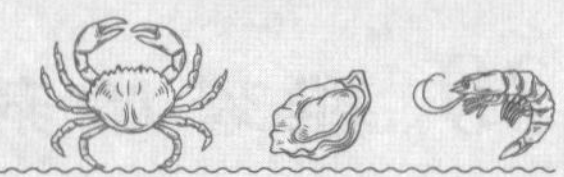

原材料

大蠔、麵粉適量

調配料

薑粒、蔥粒、川椒末、胡椒粉、味精、鹽、酒適量

具體步驟

❶ 用滾水把大蠔浸焯一下，撈起瀝乾水分。

❷ 用薑粒、蔥粒、川椒末、胡椒粉、味精、鹽、酒拌入醃製。

❸ 放入鼎內炸至金黃。注意入炸前再把醃製後出水的大蠔瀝乾，讓大蠔的掛漿黏緊包身，炸出來外觀也會比較完美。

38 糯米橙皮燕窩

原材料

水發好燕盞 200 克，糯米 100 克，鮮橙皮 10 克，冰糖 150 克或酌量

具體步驟

❶ 鮮陳皮去掉白瓤膜後切幼絲候用。

❷ 把糯米洗淨放入砂鍋加水煮沸，然後加鮮橙皮絲轉中火滾至熟透，投入冰糖融化，再加入浸發好的燕窩攪拌均勻。（沸開即好，注意攪動，以免黏鍋）。這是一款清甜爽口的甜燕窩粥，操作上也很方便，適宜在家庭操作，不妨一試。

39 雞蓉燴燕窩

原材料

水發好燕窩 300 克，雞胸肉 200 克，生肉皮 1 張，上湯 100 克，雞蛋清 2 份，雞油 50 克

調配料

芹菜 50 克，火腿末 25 克，味精 3 克，精鹽 5 克或適量

具體步驟

❶ 將水發好燕盞分成 6 份放入燉盅，加少許上湯，封蓋後入蒸籠 20 分鐘。

❷ 肉皮放在砧板上面，用刀輕輕刮去面上的勝脂，然後把雞胸肉放在肉皮上面用刀輕輕剁成雞蓉。

❸ 取乾淨的砂鍋或鼎，倒入上湯用慢火煮，然後勾一點芡糊，將剁好的雞蓉用清水化開後倒入上湯中，用勺子慢慢攪和開來。注入調味，再用蛋清勾芡。如果比較澀口，則再勾一點粉水，要注意加入雞油以增加香氣，使口感更加順滑，然後把調好的雞蓉分成 6 份淋在燕窩上面即好。上席時再配上芹菜粒和火腿末。

40 濃湯焗大連鮑

原材料

活大連鮑 12 隻（每隻 200 克），濃上湯 1000 克，赤肉 500 克，光雞 1 隻，肉皮 500 克，生薑 3 片，生葱 3 條，青蒜仔 3 條，生辣椒 2 粒，芫荽 2 株

調配料

味精、醬油、白糖、麻油、雞油均適量

具體步驟

❶ 將大連鮑魚洗淨起肉去殼，洗淨後放入鍋內注入濃上湯。

❷ 同時把赤肉、光雞、肉皮改成粗塊，用滾水焯後洗淨，放入鍋內。倒入上湯後，再把薑、辣椒、青蒜、芫荽投入，再調上醬油、白糖、味精，如水量不足再加水進去，以蓋過食材為準。

❸ 猛火燒沸後轉慢火燉 40 分鐘，或至鮑魚軟身為好。起鍋時去掉肉渣和雜料，收緊湯汁讓其黏身，出鍋時呈金黃色，濃香入味，口感上軟柔帶彈。

・名廚獨門食譜・